湖北省省级一流课程及省级课程思政示范课程"现代工程图学"配套教材

新世纪普通高等教育机械类课程规划教材

SOLIDWORKS

SANWEI SHEJI JI YUNDONG FANGZHEN SHILI JIAOCHENG

SolidWorks
三维设计及运动仿真实例教程

主　编　朱定见　高成慧

副主编　耿海洋

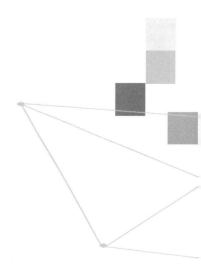

U0244321

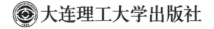

大连理工大学出版社

图书在版编目(CIP)数据

SolidWorks三维设计及运动仿真实例教程 / 朱定见，
高成慧主编. -- 大连：大连理工大学出版社，2023.7
新世纪普通高等教育机械类课程规划教材
ISBN 978-7-5685-3990-6

Ⅰ.①S… Ⅱ.①朱…②高… Ⅲ.①计算机辅助设计
－应用软件－高等学校－教材Ⅳ.①TP391.72

中国版本图书馆CIP数据核字(2022)第218781号

大连理工大学出版社出版

地址:大连市软件园路80号 邮政编码:116023
发行:0411-84708842 邮购:0411-84708943 传真:0411-84701466
E-mail:dutp@dutp.cn URL:https://www.dutp.cn
辽宁虎驰科技传媒有限公司印刷 大连理工大学出版社发行

幅面尺寸:185mm×260mm 印张:17.25 字数:399千字
2023年7月第1版 2023年7月第1次印刷

责任编辑:王晓历 责任校对:齐 欣
封面设计:对岸书影

ISBN 978-7-5685-3990-6 定 价:56.80元

PREFACE 前言

本教材以 SolidWorks 2020 为平台，基于成果导向（Outcome Based Education，OBE）工程教育理念，本着 CAD/CAE 一体化的思路组织内容。注重培养学生利用现代工具进行机械设计的创新能力，力求避免理论过深、命令堆砌等问题，尽力使学生真正做到知其然，又知其所以然。

本教材的主要特色如下：

（1）模块化的结构。内容上按照 SolidWorks 设计基础、零件草图绘制、零件特征建模设计、装配设计、工程图设计、仿真设计、SolidWorks 提高设计效率的方法等 7 个模块来安排；每一个模块均从所需基础知识到实例应用；每一个模块都由不同的实例组成。

（2）实例仿真实用。每一个实例均围绕一个重要的知识点，以实际设计案例为基础，按照设计步骤展开。注重"因用而学"，力求做到"工程背景"。教材中的实例均按照由详细到简略来安排，既能使学生在归纳的设计原理指导下完成工程实例的设计实践，又能进一步理解和掌握设计原理，举一反三，从而更好地解决工程实际问题。

（3）以学生为中心。注重考虑学生想学什么，学生在学习过程中会有什么疑惑等问题，时刻想学生之所想，急学生之所急，尽力给到学生想要的知识。

（4）原理精练通用。注重"能力培养"，力求"删繁就简"。按照机械设计的需要，归纳最常用的方法和讲解最常用的命令，尽力做到步骤精简、图文并茂、通俗易懂。归纳设计原理，让学生专注于设计方法而非软件本身。

（5）专家提示和扩展知识。让学生知其然又知其所以然，尽快由初学者变为高手。

本教材响应二十大精神，推进教育数字化，建设全民终身学习的学习型社会、学习型大国，及时丰富和更新了数字化微课资源，以二维码形式融合纸质教材，使得教材更具及时性、内容的

新世纪

丰富性和环境的可交互性等特征，使读者学习时更轻松、更有趣味，促进了碎片化学习，提高了学习效果和效率。

本教材由湖北文理学院朱定见、高成慧任主编，由哈尔滨石油学院耿海洋任副主编。具体编写分工如下：模块1和模块2由高成慧编写，模块3由耿海洋编写，模块4至模块7由朱定见编写。在编写过程中，湖北省省级一流课程及省级课程思政示范课程"现代工程图学"的其他课程组成员（付正飞、李和、张海燕、张俊、吕祎、杨晓平）均为本教材提供了丰富实用的素材及宝贵的建议，在此表示衷心的感谢。

本教材得到了湖北文理学院2021年特色教材立项建设项目的立项及经费支持。本教材是湖北文理学院机械设计制造及其自动化专业（国家级一流专业），践行工程教育专业认证"OBE"教育理念，探索培养学生创新实践能力和使用现代工具能力的经典之作。

在编写本教材的过程中，编者参考、引用和改编了国内外出版物中的相关资料以及网络资源，在此表示深深的谢意！相关著作权人看到本教材后，请与出版社联系，出版社将按照相关法律的规定支付稿酬。

尽管我们在教材建设的特色方面做出了许多努力，但由于编者水平有限，书中不足之处在所难免，恳望各教学单位、教师及广大读者批评指正。

编　者

2023 年 7 月

所有意见和建议请发往：dutpbk@163.com

欢迎访问高教数字化服务平台：https://www.dutp.cn/hep/

联系电话：0411-84708445　84708462

CONTENTS

模块 5 工程图设计

模块 6 仿真设计

模块 7 SolidWorks 提高设计效率的方法

实例 1

认识 SolidWorks 并设置其工作环境

本实例重点掌握 SolidWorks 的工作界面、工作环境设置；学会文件管理及视图操作；了解鼠标和快捷键。

1.1 ▲ 三维设计的要点

1.1.1 三维 CAD 软件建模的特点

三维 CAD 软件具有"机械制造仿真、所见即所得和牵一发动全身"的特点。

1.1.2 三维设计的建模层次

三维设计分为草图、特征、零件和装配（产品）4 个层次。其中，草图设计是基础，特征设计是关键，零件设计是核心，装配设计是目标，图纸设计是成果。

1.1.3 三维 CAD 软件建模步骤

三维 CAD 软件一般都拥有"制零件、装机械、出图纸"3 种基本功能。各种基本功能的操作步骤可总结为以下三部曲。

制零件：画草图、造特征、制零件。

装机械：添零件、设配合、装机械。

出图纸：投视图、添注解、出图纸。

1.2 ▲ SolidWorks 的工作界面

SolidWorks 的工作界面操作完全使用 Windows 风格，非常具有人性化，具备使用简单、操作方便和易学易用等特点。双击 SolidWorks 图标""，打开 SolidWorks 软件，其用户界面如图 1-1 所示。

三维设计的要点
及 SolidWorks 的
工作界面

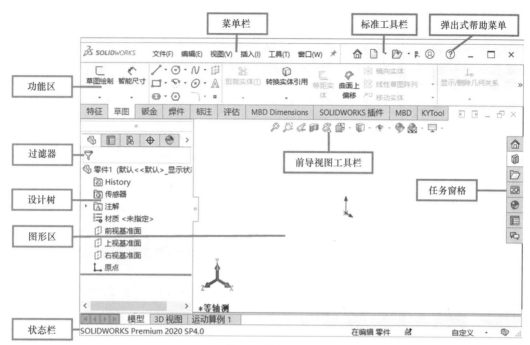

图 1-1 用户界面

1.2.1 菜单栏 //

菜单栏几乎包括所有的 SolidWorks 命令,默认情况下,菜单栏是隐藏的,要显示菜单栏,需要将鼠标移到 SolidWorks 徽标上或单击它;若想使菜单栏保持可见,单击图标 ➔ 使其变为图标 📌。如图 1-2 所示,菜单栏包括【文件】、【编辑】、【视图】、【插入】、【工具】和【窗口】等,其中最关键的功能集中在【插入】与【工具】菜单中。

图 1-2 菜单栏

对应于不同的工作环境,SolidWorks 中相应的菜单以及其中的命令会有所不同。当进行一定任务操作时,不起作用的菜单命令会临时变灰,此时将无法应用该菜单命令。

单击相应的菜单可以了解其所包含的命令。用户可以应用快捷菜单或自定义菜单命令。如在 SolidWorks 图形区右击,可弹出相关的快捷菜单。

1.2.2 标准工具栏 //

标准工具栏也称工具栏,如图 1-3 所示。它包括对于大部分 SolidWorks 工具和插件产品均可使用的工具,从左至右依次是【欢迎使用 SolidWorks】、【新建】、【打开】、【保存】、【打印】、【撤销】、【选择】、【重建模型】、【文件属性】和【选项】。有的工具旁边还带有黑色的倒三角形图标(黑三角),通过单击"黑三角",可以打开带有附加功能的弹出菜单。

图 1-3 标准工具栏

2

1.2.3 弹出式帮助菜单 //

SolidWorks 为用户提供了便捷的帮助系统,同时还向用户提供了全面、细致的指导教程,在使用过程中遇到问题时可以通过帮助文档来寻求答案。SolidWorks 帮助分为本地帮助(.chm)和基于 Internet 的 Web 帮助,如图 1-4 所示。

图 1-4 弹出式帮助菜单

1.2.4 功能区 ///

功能区位于菜单栏的下方,一般分为两排,英文名叫 Comand Manager,直译为命令管理器,也称功能选项卡或工具选项卡。它属于常用工具条,当单击各个选项时,将更新以显示该工具。如图 1-5 所示,如果单击【草图】工具选项卡,将出现【草图】功能的各个工具。用户可自定义其位置和显示内容。工具选项卡中的命令按钮为快速操作软件提供了极大的方便。

图 1-5 【草图】工具选项卡

1.2.5 过滤器 ///

在过滤器上输入"基准面"或"拉伸"等,设计树将只显示"基准面"或"拉伸",如图 1-6 所示。

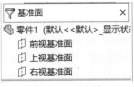

图 1-6 过滤器

3

专家提示：按【F5】键就可以调出过滤器的功能，可以选择单独的过滤器，也可以是所有的过滤器。该功能对复杂模型和装配体来说非常实用。

1.2.6 设计树 //

SolidWorks 软件在一个被称为特征管理器（Feature Manager）设计树的特殊窗口中显示模型的结构，如图 1-7 所示。它位于操作界面的左侧，其中列出了活动文件中的所有零件、特征，以及基准和坐标系等，显示了特征创建的顺序等相关信息。通过它可以很方便地查看及修改模型。

图 1-7 设计树

它提供了激活的零件、装配体或工程图的大纲视图，从而可以很方便地查看模型或装配体的构造情况，或者查看工程图中的不同图样和视图。

特征管理器设计树和图形区是动态连接的。当一个特征被创建后，就会添加到特征管理器设计树中。

通过特征管理器设计树，用户可以快速实现如下操作：

（1）以名称来选择模型中的项目：通过在模型中选择其名称来选择特征、草图、基准面及基准轴。

（2）更改项目的名称：在名称上双击以选择该名称，然后输入新的名称即可。

（3）显示特征尺寸：双击特征的名称显示特征的尺寸。

（4）更改特征的生成顺序：在特征管理器设计树中拖动项目可以重新调整特征的生成顺序。

（5）使用特征管理器设计树退回控制棒可以将模型退回早期状态的特征处。当模型处于退回控制状态时，可以增加新的特征或编辑已有的特征。利用退回控制棒还可观察零部件的建模过程。

（6）修改模型：用鼠标右键单击特征，选择【编辑特征】或【编辑草图】选项。

（7）用鼠标右键单击【注解】图标来控制尺寸和注解的显示。

（8）压缩和解除压缩零件特征和装配体零部件。

（9）查看父子关系：用鼠标右键单击特征，然后选择【父子关系】选项。

（10）用鼠标右键单击某特征，在设计树中还可显示特征说明、零部件说明、零部件配置名称、零部件配置说明等。

（11）将文件夹添加到特征管理器设计树中。

(12)用鼠标右键单击【材质】图标来添加或修改零件的材质。

1.2.7 图形区 //

图形区是指用于绘制草图、零件建模、制作工程图的区域。

1.2.8 前导视图工具栏 //

前导视图工具栏与视图操作息息相关,也叫视图工具,如图 1-8 所示。它有【整屏显示全图】、【局部放大】、【剖面视图】、【视图定向】和【显示样式】等按钮,能够提供前视、轴测图等操纵视图查看方式所需要的所有工具。

图 1-8 前导视图工具栏

1.2.9 任务窗格 //

如图 1-9 所示,图形区域右侧的任务窗格是与管理 SolidWorks 文件有关的一个工作窗口,类似 Windows 菜单,包含了【SolidWorks 资源】【设计库】【文件夹资源管理器】等多个面板。用户可以通过面板访问现有几何体,在界面中打开/关闭及从默认点拖动几何体。通过任务窗格,用户可以查找和使用 SolidWorks 文件,调用常用设计数据和资源。

图 1-9 任务窗格

1.2.10 状态栏 //

状态栏位于用户界面的底部,如图 1-10 所示。它可以提供当前窗口正在编辑内容的状态、指针位置坐标、草图状态等信息。

| SOLIDWORKS Premium 2020 SP4.0 | 在编辑 零件 | 自定义 |

图 1-10 状态栏

状态栏中典型的信息如下：

重建模型图标：在更改了草图或零件而需要重建模型时应用。

草图状态：在编辑草图过程中，状态栏会出现 5 种状态，即完全定义、过定义、欠定义、没有找到解、发现无效的解。在零件完成之前，最好完全定义草图。

快速提示帮助图标：它会根据 SolidWorks 的当前模式给出提示和选项，方便快捷。

依次单击菜单栏里的【视图】【用户界面】【状态栏】，勾选上【状态栏】，使其显示在最下面。

1.3 ▲ SolidWorks 工作环境设置

SolidWorks工作环境设置

要熟练地应用一款软件，必须先认识软件的工作环境，再设置适合自己的使用环境。合理设置工作环境，进行个性化定制，对于提高工作效率具有重要意义。SolidWorks 可以根据需要显示或者隐藏工具栏，以及添加或删除工具栏中的命令按钮，还可以根据需要设置零件、装配体和工程图的工作界面。

单击【选项】按钮或者单击【工具】和【选项】命令，弹出【系统选项】对话框，该对话框包括【系统选项】和【文档属性】两个选项卡，可以分别对【系统选项】和【文档属性】进行设置，设置好后，单击【确定】按钮，如图 1-11 所示。

图 1-11　设置工作环境

1.3.1　系统选项设置 //

1.3.1.1　设置工程图字母自动保持连续

在【系统选项】对话框中的【系统选项】选项卡中单击【工程图】选项，将滚动条拉到底部，勾选【重新使用所删除的辅助、局部及剖面视图中的视图字母】复选框，可以使编辑工程图时，局部、辅助视图、剖面视图的字母自动保持连续，如图 1-12 所示。

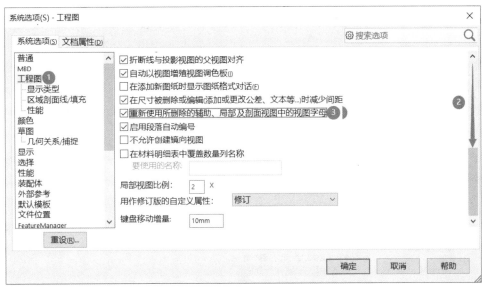

图 1-12　设置工程图字母自动保持连续

1.3.1.2　设置绘图区背景颜色

单击【颜色】选项,在右侧【颜色方案设置】列表框中选择【视区背景】选项,然后单击【编辑】按钮,在弹出的【颜色】对话框中选择所需要的颜色,如"白色",单击【确定】按钮,可将设置的颜色方案保存,如图 1-13 所示。

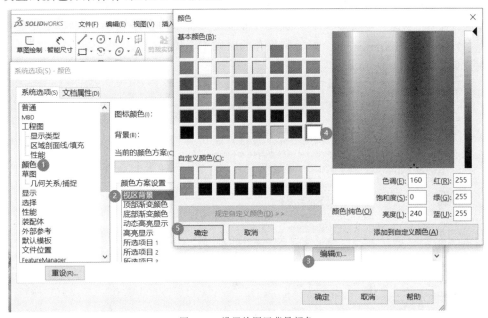

图 1-13　设置绘图区背景颜色

1.3.1.3　设置草图选项

单击【草图】选项,勾选【在创建草图以及编辑草图时自动旋转视图以垂直于草图基准面(A)】复选框,使在绘制草图时视图方向正视于屏幕。勾选【在生成实体时启用荧屏上数字输入(N)】及【仅在输入值的情况下创建尺寸】复选框,可实现在绘制草图时直接输入草图的约束尺寸,如图 1-14 所示。

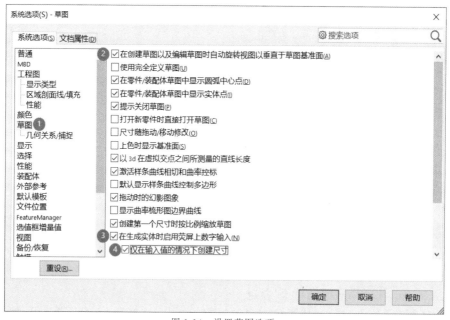

图 1-14　设置草图选项

1.3.1.4　设置外部参考

单击【外部参考】选项,建议勾选【以只读方式打开参考文件(O)】和【不提示保存只读参考文件(放弃改变)(D)】复选框 。设置外部参考可带来两个好处,第一个好处是避免重复保存没有修改的文件,第二个好处是保存的时候不会需要勾选要保存的子文件,可以方便快速保存,如图 1-15 所示。

图 1-15　设置外部参考

1.3.1.5　设置视图

单击【视图】选项,勾选【反转鼠标滚轮缩放方向(R)】复选框,使其与 AutoCAD 的缩放方式一致,如图 1-16 所示。

图 1-16　设置视图

1.3.1.6　设置协作

单击【协作】选项,建议勾选【激活多用户环境】和【检查是否以只读打开的文件已被其他用户修改】复选框,如图 1-17 所示。

图 1-17　设置协作

默认情况下,这两个选项是不勾选的,但是,如果工作文件是共享的,为了写作的需要,应该将两个选项都勾选。这样做的好处是,首先打开的装配体调用的零件默认是只读的,有＊＊权限的菜单,＊＊权限后才能修改。其次当协作者修改了当前调用的文件时,Solidworks 软件右下角会定期提醒,以便我们可以及时通过重载来更新所用的零部件。

专家提示:系统选项设置是关于 SolidWorks 软件的设置,对所有打开的文档都有作用。文档属性设置是针对当前文档,跟随文档走的,所以可以通过保存让不同的文档拥有不同的文档属性设置。

1.3.2 文档属性设置 //

单击【系统选项】对话框中的【文档属性】选项卡,利用该对话框可以设置有关工程图及草图的一些参数。

专家提示:如果没有新建文件而直接进入【系统选项】对话框,则不会显示【文档属性】选项卡。

在三维实体建模前,需要设置好系统的单位。在【文档属性】对话框中,选择【单位】选项,右侧则出现单位设置的相关信息,用户可根据自己的需要选择,完成单位设置。例如,在【单位系统】选项组中选中【MMGS(毫米、克、秒)(C)】单选按钮,将【基本单位】选项组中的【长度】选项的【小数】设置为无,然后单击【确定】按钮,如图 1-18 所示。

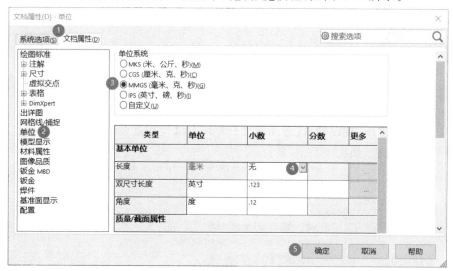

图 1-18　设置【文档属性】中的单位

1.3.3 工具栏设置 //

SolidWorks 有很多工具栏,由于绘图区有限,不可能显示所有的工具栏,系统默认的工具栏是比较常用的。进入系统后,在建模环境下,用户可以根据使用情况自定义需要显示或者隐藏的工具栏。

工具栏设置的操作步骤如下:

第一步:单击【工具】→【自定义】命令,或者在工具栏区域右击,选择【自定义】命令,系统弹出【自定义】对话框。

第二步:在【工具栏】选项卡中,勾选想显示的工具栏复选框;如果要隐藏已经显示的工具栏,就取消工具栏复选框的勾选。然后单击【确定】按钮。

专家提示:如果显示的工具栏位置不理想,可以将光标指向工具栏中按钮之间空白的地方,然后拖动工具栏到目标位置。

1.3.4 添加/删除工具栏命令按钮 //

在系统默认的工具栏中,并没有包括平时所用的所有命令按钮。

添加/删除工具栏命令按钮的操作步骤如下：

第一步：选择【工具】→【自定义】命令，或者在工具栏区域右击，选择【自定义】命令，系统弹出【自定义】对话框。

第二步：在弹出的对话框中选择【命令】选项卡，在【类别】选项组下选择要改变的工具栏，此时会在【按钮】选项下出现该工具栏中的所有命令。

第三步：在【按钮】选项下选择要增加的命令按钮，按住鼠标左键，拖动该按钮到要放置的工具栏上，然后松开鼠标左键即可添加。删除时，第三步改为将命令按钮从工具栏拖出即可。

专家提示：在 SolidWorks 用户界面中，还可对工具栏按钮进行如下操作，从一个工具栏上的一个位置拖动到另一个位置。从一个工具栏拖动到另一个工具栏。从工具栏拖动到图形区域中，则将该按钮从工具栏上移除。

1.3.5 显示/隐藏坐标系等 ///

选择"视图""显示/隐藏"，再选择"坐标系"等。

1.3.6 显示效果设置 ///

用户可以更改操作界面的背景颜色、显示角度、显示方式等。操作方法是使用前导视图中的相应按钮，例如，用前导视图工具中的"视图定向"按钮可以选择观察角度。

1.4 ▲ 文件管理

1.4.1 创建用户文件夹 ///
文档管理、鼠标及快捷键

使用 SolidWorks 软件时，应该注意文件的目录管理。如果文件管理混乱，会造成系统找不到相关的文件，从而影响软件的全相关性。一般来说，用户可以在非 Windows 安装系统分区中，建立设计文件夹。在进行装配之前，零件的文件名要定义好，装配完成之后，不要再去更改零件的文件名，如果随意更改零件文件名或文件目录，当再次打开装配体时，会找不到相应零件，导致打开装配体失效或丢失相应零件。同样，在生成工程图之前，零件或装配体的文件名也要定义好，生成工程图后也不要再去更改零件或装配体的文件名，否则会导致工程图打不开。

当零部件装配时，如果在弹出的【插入零部件】对话框中，勾选【使成为虚拟】复选框，可将插入零件设置为虚拟的零件，装配好后在没有原始零件的情况下，装配图依然能打开。

1.4.2 新建文件 //

双击桌面上的快捷方式图标 ，启动 SolidWorks 软件。

单击【文件】→【新建】命令，或者单击【标准】工具栏中的【新建】按钮，执行新建文件命令。系统会弹出【新建 SOLIDWORKS 文件】对话框，如图 1-19 所示。在【新建 SOLIDWORKS 文件】对话框中，显示有【零件】、【装配体】及【工程图】三种文件类型，单

击需要创建的文件类型的图标,如单击【零件】图标,单击【确定】按钮,就可以创建需要的
零件文件,并进入默认的零件工作环境。

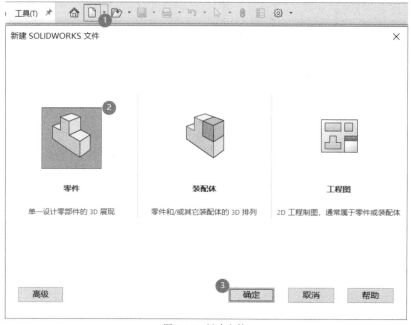

图 1-19 新建文件

专家提示:这是默认的"新手"启动方式;单击【高级】按钮,会增加单击【模板】选项卡
的选择,如图 1-20 所示。

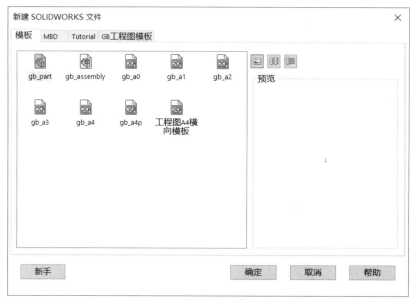

图 1-20 "高手"新建文件的界面

从图 1-20 中可以看到,SolidWorks 提供了三种不同类型的文件模板,分别为零件
(gb-part)、装配体(gb-assembly)及工程图(gb-a0 到 gb-a4)。

SolidWorks 软件对应上述三种文件的扩展名如下:

（1）SolidWorks 零件文件，扩展名为.PRT 或.SLDPRT。

（2）SolidWorks 装配体文件，扩展名为.ASM 或.SLDASM。

（3）SolidWorks 工程图文件，扩展名为.DRW 或.SLDDRW。

1.4.3 打开文件 //

单击【文件】→【打开】命令，或者单击【标准】工具栏中的【打开】按钮，执行打开文件命令，如图 1-21 所示，系统弹出【打开】对话框，在【打开】对话框的右下角处【快速过滤器】区域有过滤器零件、过滤器装配体、过滤器工程图、过滤器顶级装配体以供用户进行类型的筛选。在【文件类型】下拉列表框中选择文件类型，并不限于 SolidWorks 类型的文件，还可调用其他软件所形成的文件。

图 1-21 打开文件

1.4.4 保存文件 //

单击【文件】→【保存】命令，或者单击【标准】工具栏中的【保存】按钮，如图 1-22 所示，在弹出的对话框中输入要保存的文件名，以及该文件保存的路径，便可以将当前文件保存。也可选择【另存为】选项，弹出【另存为】对话框，在该对话框中更改将要保存的文件路径、文件名和保存类型后，单击【保存】按钮即可将创建好的文件保存到指定的文件夹中。

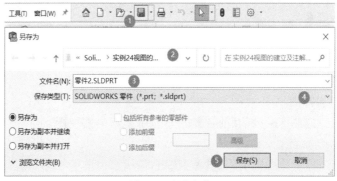

图 1-22 保存文件

对话框中各功能如下：

【保存位置】：用于选择文件存放的文件夹。

【文件名】：在该文本框中输入自行命名的文件名，或使用默认的文件名。

13

【保存类型】:下拉列表框中,并不限于 SolidWorks 文件,也可存为其他类型文件,方便其他软件调用并编辑。

【另存备份档】:将文件保存为新的文件名,而不替换已激活的文件。

【参考】:显示被当前所选装配体或工程图所参考的文件清单,用户可以编辑所列文件的位置。

单击【文件】→【保存所有】命令,用户可将 SolidWorks 图形区中存在的多个文档全部保存在各自文件夹中。

将 SolidWorks 工程图文件(扩展名为.DRW)另存为 AutoCAD 类型文件(扩展名为. dwg),可将该工程图文件在 AutoCAD 环境下打开并对图形进行修改。

1.4.5　设计文件的命名和保存 //

为了便于管理,用户可以根据产品和部件建立不同的文件夹,分别保存相应产品或部件的模型和工程图文件。模型文件的名称可以使用零件或装配名称命名,其对应的工程图文件使用"相同名称＋零件图或装配图"的方式来命名并保存。

选择【文件】→【保存】命令即可保存相应编辑格式的文件;选择【文件】→【PackandGo】(打包)命令,即可把相关文件一起保存到压缩文件中。

1.4.6　综合实例:文件管理及视图操作 ///

本实例介绍"铃片"零件的打开、保存、视图操作等。

步骤 1:打开文件。

单击【标准】工具栏中的【打开】按钮,弹出【打开】对话框,选择【铃片】零件,单击【打开】按钮。

步骤 2:显示等轴测图。

单击【视图定向】工具栏中的【等轴测】按钮,显示模型的等轴测图。

步骤 3:显示隐藏线。

单击【显示样式】工具栏中的【隐藏线可见】按钮,显示模型的视图。

步骤 4:消除隐藏线。

单击【显示样式】工具栏中的【隐藏隐藏线】按钮,显示模型的视图。

步骤 5:显示线架图。

单击【显示样式】工具栏中的【线架图】按钮,显示模型的线架图。

步骤 6:显示前视图。

单击【视图定向】工具栏中的【前视】按钮,显示模型的前视图。

步骤 7:显示等轴测图。

单击【视图定向】工具栏中的【等轴测】按钮,显示模型的等轴测图。

步骤 8:显示带边线上色图。

单击【显示样式】工具栏中的【带边线上色】按钮,显示带边线上色模型图。

步骤 9:新建文件。

单击【标准】工具栏中的【新建】按钮,打开【新建 SolidWorks 文件】对话框。选择【零件】按钮,单击【确定】按钮。

步骤 10:平铺窗口。

单击【窗口】→【纵向平铺】命令,设置两个文件的窗口显示。

步骤 11:激活窗口。

单击【窗口】→【铃片】命令,则【铃片】文件所在窗口被激活。

步骤 12:另存为文件图片。

单击【文件】→【另存为】命令,弹出【另存为】对话框。在【文件名】文本框中输入文件名。在【保存类型】下拉列表框中选择".JPEG"。单击【保存】按钮。

步骤 13:另存为零件文件。

单击【文件】→【另存为】命令,弹出【另存为】对话框。在【文件名】文本框中输入文件名。在【保存类型】下拉列表框中选择默认的零件(∗.PRT;∗.SLDPRT)。单击【保存】按钮。

1.5 ▲ 结束当前命令的操作

1.5.1 右击 ///

右击,然后在弹出的菜单中单击【选择】选项。

1.5.2 双击左键 ///

双击左键,进入重复上次命令的状态。

1.5.3 按【Esc】键 ///

按【Esc】键,进入待命状态。

1.6 ▲ 鼠标和快捷键

1.6.1 鼠标 ///

用户在设计时,对鼠标和键盘的应用频率非常高,可以用其实现平移、缩放、旋转、绘制几何图素及创建特征等操作。基于 SolidWorks 软件系统的特点,建议使用三键滚轮鼠标,这样可以有效地提高设计效率。

1.6.1.1 左键

鼠标左键为选择和拖动键。单击或双击鼠标左键,用户可执行不同的操作。如:单击用于选择命令;单击按钮执行命令及绘制几何图元等;单击选择绘图区中的实体或者设计树中的对象。

1.6.1.2 右键

单击鼠标右键(右击)可以弹出快捷菜单。快捷菜单提供了一种快捷高效的工作方式,不需要随时将鼠标指针移到主菜单或工具栏上选取命令,就可以实现相关功能。

1.6.1.3 中键(滚轮)

鼠标中键(滚轮)具有平移、旋转和缩放等作用。可以旋转、平移和缩放零件或装配体,以及在工程图中做平移操作。

(1)直接滚动滚轮。可进行放大或缩小。

(2)双击中键。可实现模型的全屏显示。

(3)中键+拖动。按住中键并移动光标,可旋转零件模型和装配体模型。

(4)Ctrl+中键并拖动。平移所有类型的文件。按住 Ctrl+中键并移动光标,可将模型按鼠标移动的方向平移。在激活的工程图中,不需要按住 Ctrl 键。

(5)Shift+中键并拖动。按住 Shift+中键并上、下移动光标,可以放大或缩小所有类型的文件。

1.6.2 快捷键 ///

SolidWorks 软件中的每个菜单项都有快捷键,使用快捷键操作可大大提高工作效率。常用的默认快捷键见表 1-1。

表 1-1   SolidWorks 常用的默认快捷键

序号	命令	快捷键	序号	命令	快捷键
1	新建文件	Ctrl+N	22	照快照	Alt+SpaceBar（空格键）
2	打开文件	Ctrl+O			
3	保存文件	Ctrl+S	23	彻底重建模型及其重建所有特征	Ctrl+Q
4	打印文件	Ctrl+P			
5	关闭文件	Ctrl+W	24	在打开的 SolidWorks 文件之间进行切换	Ctrl+Tab
6	浏览最近文件				
7	旋转模型	方向键	25	直线	L
8	水平或竖直旋转 90°	Shift+方向键	26	直线到圆弧/圆弧到直线（草图绘制模式）	A
9	顺时针或逆时针旋转	Alt+方向键			
10	平移模型	Ctrl+方向键	27	MateXpert 配合专家	Ctrl+M
11	放大模型	Shift+Z	28	视图定向菜单	空格键
12	缩小模型	Z	29	前视图	Ctrl+1
13	整屏显示全图	F	30	后视图	Ctrl+2
14	撤销	Ctrl+Z	31	左视图	Ctrl+3
15	重做	Ctrl+Y	32	右视图	Ctrl+4
16	剪切	Ctrl+X	33	上视图	Ctrl+5
17	复制	Ctrl+C	34	下视图	Ctrl+6
18	粘贴	Ctrl+V	35	等轴测	Ctrl+7
19	删除	Delete	36	正视于	Ctrl+8
20	重建模型	Ctrl+B	37	指令选项切换	A
21	放大选项	G	38	扩展/折叠树	C

序号	命令	快捷键	序号	命令	快捷键
39	折叠所有项目	Ctrl＋C	48	切换选择过滤器工具栏	F5
40	查找/替换	Ctrl＋F	49	切换选择过滤器(开/关)	F6
41	快捷栏	S	50	Feature Manager 树区域	F9
42	滚动到 Feature Manager 树底部	End	51	工具栏	F10
			52	隐藏/显示任务窗格	F8
43	滚动到 Feature Manager 树顶端	Home	53	全屏	F11
			54	SolidWorks 帮助	H
44	过滤边线	E	55	隐藏盘旋零部件/实体	TAB
45	过滤顶点	V	56	显示盘旋零部件/实体	Shift＋TAB
46	过滤面	X	57	显示所有隐藏的零部件/实体	Ctrl＋Shift＋TAB
47	快速捕捉	F3			

实例 2

认识草图绘制

"零件设计是核心,特征设计是关键,草图设计是基础"。在三维设计中,通常需要在选定的平面上绘制二维几何图形(草图),再对这个草图进行特征操作,使之生成三维特征,由多个三维特征便可组成零件。本例重点掌握草图设计的过程;学会添加几何约束和尺寸约束;了解草图绘制的原则。

2.1 基本术语

认识草图绘制

2.1.1 草图

三维建模中在某个截面上"基于草图的特征"的二维截面轮廓称为草图,草图包括图线(实线和辅助线)和约束(尺寸约束和几何约束)两方面的信息。SolidWorks 的草图有二维草图和三维草图两种。

草图可以封闭,也可以开口,但不允许交叉[图 2-1(b)]。封闭的草图可以生成三维实体模型,也可以生成三维曲面模型,但开口的草图只能生成三维曲面模型。

(a)可以作为草图的图线　　　(b)不可以作为草图的图线

图 2-1　草图合法性

专家提示:SolidWorks 提供了草图合法性检查工具来检查草图中可能妨碍生成特征的错误。具体操作:依次单击【工具】→【草图工具】→【检查草图合法性】命令,如图 2-2 所示。

图 2-2　启动【检查草图合法性】命令

在【检查有关特征草图合法性】对话框中,选择【特征用法】的类型,再单击【检查】按钮,草图可根据所需要特征类型的轮廓类型来进行检查,如图 2-3 所示。

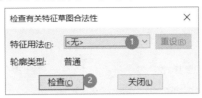

图 2-3 按"特征用法"的类型进行检查

2.1.2 草图平面 //

草图平面即绘制二维几何图形(草图)的基准平面。可以是默认平面(前视基准面、上视基准面或右视基准面),还可以是实体表面(建模形成的已有平面),也可以是用户创建的参考表面(用户平面)。

2.1.3 约束 //

约束是指能创建容易更新且可预见的参数驱动设计,能清晰表达设计意图,能自我限制长短及形状的一种工具。它表达了草图中图线自身大小及图线之间的位置关系,包括几何约束和尺寸约束。

2.2 草图设计的过程

正确绘制草图是三维设计的基础,草图设计的过程为选平面、定顺序、绘形状、添约束。

2.2.1 选平面 //

在创建草图前,用户必须选择一个平面(现有特征的某个平面、系统默认的基准面或用户创建的基准面)作为草图绘制平面,其选取原则是先已有、后默认、次创建。

2.2.1.1 先已有
选取现有特征已有的某一个平面作为基准平面。如图 2-4 所示选择长方体上表面为圆柱体圆形草图平面。

2.2.1.2 后默认
选取系统默认的 3 个基准面(上视基准面、前视基准面和右视基准面)之一作为基准平面。如图 2-5 所示选择右视基准面为绘制直槽口的草图平面。

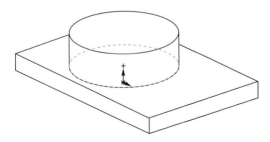

图 2-4 已有平面作为草图基准面

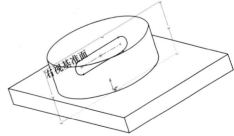

图 2-5 以默认的右视基准面作为草图基准面

2.2.1.3 次创建

次创建是指用户使用菜单命令创建的基准面。SolidWorks 用户创建基准平面的操作:单击【草图】→【基准面】→图标 ▯,如图 2-6 所示为用户创建的与前视基准面平行,且与圆柱面相切的基准面。

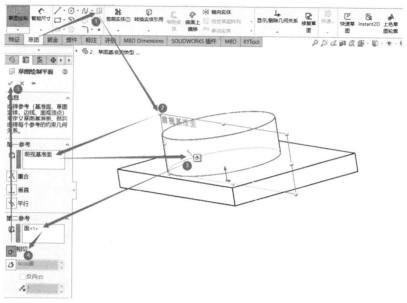

图 2-6 用户创建草图基准面

2.2.2 定顺序 //

定顺序即分析草图中图线的组成,并确定绘制的先、后顺序。

草图绘制顺序为先已知、后中间、再连接。

2.2.2.1 先已知

先绘制已知线段。已知线段是有完整的定形尺寸和定位尺寸,能根据已知尺寸直接画出的线段,其定位点通常是设计基准或工艺基准。

2.2.2.2 后中间

然后绘制中间线段。只有定形尺寸和一个定位尺寸,另一个定位尺寸必须根据一个相邻的已知线段的几何关系求出的线段是中间线段。

2.2.2.3 再连接

最后绘制连接线段。只有定形尺寸,没有定位尺寸,其定位尺寸必须根据相邻两端(两个)的已知线段求出的线段是连接线段。它没有定位尺寸,但有两个几何约束。

2.2.3 绘形状 ///

绘形状就是用草图工具(如直线、圆弧等)绘制或编辑图线。

2.2.4 添约束 ///

添约束就是为草图图线添加几何约束(平行、垂直、相切等)和尺寸约束(定形尺寸、定位尺寸)以确定图线的位置和大小。

2.2.4.1 约束的作用

绘制草图前,要仔细分析草图图形结构,明确草图中几何元素之间的约束关系,并将约束关系正确的添加到草图中;每个草图都必须有一定的约束,没有约束则无法体现设计意图。

如图 2-7 所示,虽然仅有长度、高度和角度等几个尺寸约束,但仔细分析图形的结构,可以知道其中隐含了以下设计意图:根据中心线可知,草图左、右对称,槽口顶点位于中心线上;上、下边线是水平直线,且两条上边线共线;左、右边线是竖直直线。

根据上述设计意图对图形施加相应的几何约束和尺寸约束,如图 2-8 所示。

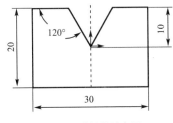
图 2-7 分析设计意图

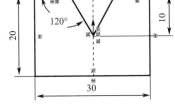
图 2-8 施加相应的约束

当驱动尺寸变化时,尽管图形大小和形状发生了改变,但设计意图始终保持不变,如图 2-9 所示。

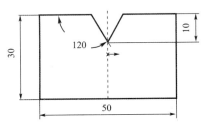
图 2-9 设计意图始终保持不变

2.2.4.2 约束的类型

约束有两种:几何约束和尺寸约束。

(1)几何约束:限制图形元素在二维平面上的自由度。用几何关系进行约束,主要用于图线之间的位置约束。对于任何几何图形来说,几何约束都是第一约束条件。在 SolidWorks 中几何约束称作几何关系,包括水平、竖直、共线、全等、垂直、平行、相切、同心、中点、交叉点、重合、相等、对称、固定、穿透、融合点等。

(2)尺寸约束:限制图形元素的长度、角度、位置关系、形状等。用尺寸进行约束,包括进行位置约束的定位尺寸和进行形状约束的定形尺寸。定位尺寸和定形尺寸均为参数化驱动尺寸,用来定义那些无法用几何约束表达的或者是设计过程中可能需要改变的参数。当尺寸约束改变时,草图可以随时被更改。

2.2.4.3 约束信息

在绘制草图时,用户可能会因操作错误而出现草图约束信息。默认情况下,草图的约束信息会显示在属性管理器中,有的也会显示在状态栏中。

约束信息有以下几种情况：

（1）欠定义。草图的约束不充分，有些约束未定义。欠定义的草图元素呈蓝色（默认设置），此时的草图形状会随着光标的拖动而改变，同时属性管理器的面板中显示"欠定义"符号。

在零件设计的初期，一般没有足够的信息来对草图进行完全的定义，随着设计的深入，会逐步得到更多有用信息，可随时为草图添加其他约束。

专家提示：解决"欠定义"的方法是为草图添加尺寸约束或（和）几何约束，使草图变为"完全定义"，但不要"过定义"。

（2）完全定义。草图的位置由尺寸和几何关系完全固定，草图具有完整的约束。完全定义的草图元素呈黑色（默认设置）。

一般情况下，零件最终完成设计时，要实现尺寸驱动，草图必须完全定义。

（3）过定义。草图中有重复的尺寸或互相冲突的约束关系。过定义的几何体呈红色（默认设置）。

过定义需要修改后才能使用，应该删除其中多余的约束。

如果对完全定义的草图再进行尺寸标注，系统会弹出【将尺寸设为从动？】对话框，选择【保留此尺寸为驱动】选项，此时的草图即过定义的草图，约束信息在状态栏中显示"过定义"。如果选择【将此尺寸设为"从动"】选项，就不会过定义。因为此尺寸仅作参考使用，不起尺寸约束作用。

4. 没有找到解

没有找到解是指草图无法解出的几何关系和尺寸；产生过定义的尺寸经常伴随着该信息。

5. 发现无效的解

发现无效的解表示草图中出现了无效的几何体，如自相交的样条曲线、零半径的圆弧或零长度的直线等。

专家提示：SolidWorks 中不允许样条曲线自相交，在绘制样条曲线时系统会自动控制用户不要产生自相交，当编辑拖动样条的端点意图使其自相交时，就会显示警告信息。

2.2.4.4 几何约束添加方法

几何约束添加方法包括草图反馈几何约束和手工添加几何关系两种。

（1）草图反馈几何约束：利用草图绘制过程中 SolidWorks 的草图反馈来添加几何约束。在草图绘制过程中，鼠标指针形状发生的相应变化称为草图反馈。指针显示表示什么时候指针的实体捕捉情况，如捕捉到端点、中点或者重合点等类型；什么工具为激活（直线或圆）；所绘制的实体尺寸（圆弧的角度和半径）及所处的几何关系（如水平）。

常见的反馈有以下几种：

①水平：绘制直线时，单击确定起点后，沿水平方向移动光标时显示可添加的水平关系。

②竖直：绘制直线时，单击确定起点后，沿垂直方向移动光标时显示可添加的竖直关系。

③端点：当光标扫过时，黄色同心圆表示端点。

④中点：当光标越过时，变成红色。

⑤重合点（在边缘）：在中心点处，同心圆的圆周四分点会被显示出来。

⑥相切：与圆或圆弧相切。

（2）手工添加几何关系：利用 SolidWorks 添加几何关系工具添加。在【草图工具栏】中，单击【显示/删除几何关系】选项，单击【添加几何关系】按钮，再选择要添加几何关系的对象（选择多个对象时要按住【Ctrl】键后，再单击所选对象）。

常用草图约束工具的功能如下：

①添加几何关系：给选定的实体添加各种几何关系（也可以选定实体，在其相应的属性对话框中添加）。

②显示/删除几何关系：显示/删除已经存在的几何关系。右击几何关系图标，在弹出的快速菜单中选择"删除"命令。

③隐藏/显示几何关系：隐藏/显示几何关系图标。依次单击，选择【视图】→【隐藏/显示】→【草图几何关系】命令。

④完全定义草图：用尺寸实现草图完全约束（先添加几何约束，再使用）。依次单击，选择【工具】→【尺寸】→【完全定义草图】命令。

2.2.4.5 尺寸标注

SolidWorks 常用的尺寸标注命令是智能尺寸标注和完全定义草图，具体使用过程如下：

1.智能尺寸标注：依次单击，选择【工具】→【尺寸】→【智能尺寸】命令或单击【草图】工具栏上【智能尺寸】按钮，然后选中要标注尺寸的图线，再单击确定尺寸放置的位置。

2.完全定义草图：用尺寸实现草图完全约束（可在添加几何约束后使用）。菜单命令：依次单击，选择【工具】→【尺寸】→【完全定义草图】命令，或者右击空白处，在弹出的快捷菜单中选择【完全定义草图】命令。

3.修改尺寸数值：在选中尺寸的状态下，双击尺寸文本，即可修改为新的尺寸值。由于是驱动尺寸，因此图形大小也会自动跟着发生改变。

4.修改尺寸属性：选择要修改属性的尺寸，在【属性】对话框中修改数值、名称等。如图 2-10 所示可以通过选择不同的属性为两个圆标注不同的定位关系。

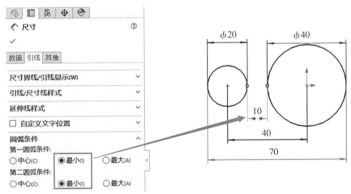

图 2-10　修改尺寸属性

专家提示：选择两条平行线标注其距离，若不平行则标注角度。选择三点可以标注角度，第一个点为交点。选择圆可标注直径，选择圆弧则标注半径。选择两条圆形线可标注圆心之间的距离，可通过属性修改成其他标注方式；标注中心线和实线之间的尺寸，若指针在两者之间则标注的是两者的实际尺寸，若指针在两者之外则标注的是实际尺寸的两倍,如图 2-11 所示。

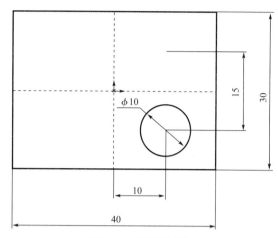

图 2-11　对称图形标注

2.3 ▲ 草图绘制原则

草图服务于特征,在绘制草图的过程中应该注意以下原则:

2.3.1　理清思路,兼顾工艺 //

建模之前,要考虑清楚建模思路;兼顾零部件的工艺结构,寻找简单、合理的建模方法。

2.3.2　根据特征,确定形状 //

根据建模特征的方法及特征间的相互关系,确定草图的基本形状和绘图平面。

2.3.3　首幅草图,原点定位 //

零件的第一幅草图应该根据坐标原点来定位,以确定特征在绘图空间的位置。

2.3.4　尽量简单 //

为便于草图修改和特征管理,草图应尽可能简单。一般为单轮廓,不倒角,零件上的圆角和倒角可用特征来生成。建模过程中,最好不要选择复杂的二维草图。

2.3.5　正视于 //

要清楚草图平面的位置,可使用"正视于"命令,使屏幕与草图平面平行。

专家提示:依次单击【系统选项】→【草图】后,选中【在创建草图以及编辑草图时自动旋转视图以垂直于草图基准面(A)】后,在绘制草图时视图方向会自动正视于屏幕。

2.3.6　完全定义 //

虽然软件不要求完全定义草图,但最好使用完全定义草图。因为合理地添加几何关系和标注尺寸,能够体现设计者的设计能力和思维方式。

2.3.7 大概 //

只需要先绘制大概的形状和位置,再利用几何约束和尺寸约束来确定位置和大小,这样做有利于提高工作效率。

2.3.8 关注反馈 ///

关注反馈及推理线,可以在绘制过程中确定实体间的关系。在特定反馈状态下,系统会自动添加几何关系。

2.3.9 先几何,后尺寸 //

为了贯彻设计意图,施加约束时,一般应先确定草图元素的定位几何关系,再添加其定位尺寸,最后标注其定形尺寸。

2.3.10 合理使用构造线 //

中心线(构造线)只起辅助作用,并不参与特征的生成,因此,必要时可利用构造线来定位或者标注尺寸。

2.3.11 小尺寸,用夸大 ///

小尺寸可以采用夸大画法,标注完尺寸后改成正确的尺寸即可。

2.3.12 边绘图,边约束 ///

对于复杂的草图尽量"边绘图,边约束",使每个图线完全定义。

实例 2 认识草图绘制

25

实例 3

垫片草图绘制

本例重点掌握中心线、圆、圆角的绘制,学会剪裁命令;学会添加几何约束、自动几何约束和尺寸标注。所需要绘制的图形如图 3-1 所示。

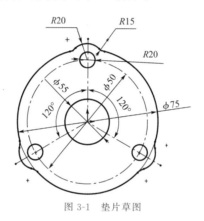

图 3-1 垫片草图

3.1 ▲ 草图构成分析

垫片草图主要由圆和圆弧构成,外加几条构造线,先画已知线段圆,再画连接线段圆弧。

3.2 ▲ 草图绘制步骤

3.2.1 进入草图绘制状态 ///

3.2.1.1 启动 SolidWorks 软件
双击 SolidWorks 软件图标,进入 SolidWorks 主界面。

3.2.1.2 新建文件
依次单击【文件】→【新建】命令,弹出【新建 SolidWorks 文件】对话框,选择【零件】图标,单击【确定】按钮,生成新文件。

3.2.1.3　进入草图环境

依次单击【前视基准面】→【正视于】按钮,如图 3-2 所示,单击【草图】→【草图绘制】命令,进入草图绘制状态。

图 3-2　正视于

3.2.1.4　确认显示草图几何约束

依次确认【视图】→【隐藏/显示】→【草图几何关系】命令前的按钮均被按下,即可显示草图几何约束。

3.2.1.5　确认自动几何约束被选中

依次单击【工具】→【选项】命令,在系统弹出的对话框中单击【几何关系/捕捉】选项,然后勾选【自动几何关系】复选框,单击【确定】按钮。

3.2.1.6　保存文件

依次单击【文件】→【保存】命令,或者单击【标准】工具栏中的【保存】按钮,在弹出的对话框中输入要保存的文件名"垫片草图",以及保存的路径,保存文件。

3.2.2　绘制草图 //

3.2.2.1　绘制构造线

单击【草图】工具栏中的【圆】按钮,弹出【圆】属性管理器,勾选【作为构造线】复选框,绘制直径为 150 mm 的构造线圆。依次单击【草图】工具栏中的【直线】→【中心线】按钮,绘制 3 条互成 120°的中心线,如图 3-3 所示。

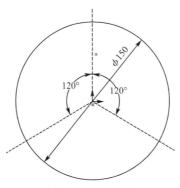

图 3-3　绘制构造线

3.2.2.2 绘制圆

绘制 8 个圆；依次单击【工具】→【关系】→【添加】命令，弹出【添加几何关系】对话框，在【所选实体】选项组中选取直径相等的 3 个圆，单击【相等】按钮，建立"相等"几何关系，单击【确定】按钮；再次单击【添加几何关系】按钮，选取另外 3 个直径相等的圆，建立"相等"几何关系，单击【确定】按钮。分别标注直径为 $\phi20\,\text{mm}$、$\phi40\,\text{mm}$、$\phi55\,\text{mm}$ 和 $\phi175\,\text{mm}$，如图 3-4 所示。

3.2.2.3 剪裁 3 个凸缘

单击【草图】工具栏中的【剪裁实体】按钮，弹出【剪裁】属性管理器，单击【剪裁到最近端】按钮，移动鼠标指针剪裁圆弧实体，单击【剪裁】属性管理器中的【确定】按钮，以结束剪裁，如图 3-5 所示。

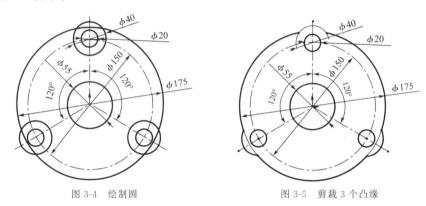

图 3-4 绘制圆   图 3-5 剪裁 3 个凸缘

3.2.2.4 绘制圆角

单击【绘制圆角】按钮，出现【绘制圆角】属性管理器，在【半径】文本框内输入"15 mm"，选取大圆弧、小圆弧创建圆角，如图 3-6 所示。

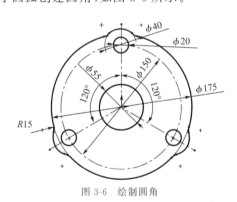

图 3-6 绘制圆角

3.2.2.5 确定关闭自动求解

依次确认【工具】→【草图设置】→【自动求解】命令的【自动求解】选项没有被勾选。以便标注尺寸时，图形不随之变化。

3.2.2.6 标注尺寸

标注角度尺寸为 120°。单击【草图】工具栏中的【智能尺寸】按钮，单击中心线 1，单击中心线 2，将指针移到图形的合适位置单击，来添加尺寸，在【修改】对话框的文本框中输入"120°"，然后单击【修改】对话框中的【确定】按钮。

标注直径尺寸为 150 mm。单击【草图】工具栏中的【智能尺寸】按钮,选择要标注直径尺寸的圆弧,将指针移到图形的右侧单击,来添加尺寸,在【修改】对话框的文本框中输入"150 mm",然后单击【修改】对话框中的【确定】按钮。同样的方法标注其他直径尺寸,分别为 20 mm、55 mm 和 175 mm。

　　标注圆弧半径为 $R15$ mm。单击【草图】工具栏中的【智能尺寸】按钮,选择要标注半径尺寸的圆弧,将指针移到图形的右侧单击,来添加尺寸,在【修改】对话框的文本框中输入"15 mm",然后单击【修改】对话框中的【确定】按钮。

　　标注结果如图 3-6 所示。

3.2.2.7　确定打开自动求解

　　确认【工具】→【草图设定】中设置【自动求解】命令的【自动求解】选项被选中。图形根据尺寸自动求解,结果如图 3-1 所示。

实例 4

拨盘草图绘制

本例重点掌握绘制直槽口命令;巩固绘制中心线、圆、圆弧、直线及使用裁剪工具、标注尺寸和添加几何约束;了解尺寸相差太悬殊的草图应该如何处理。所需要绘制的图形如图 4-1 所示。

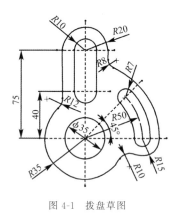

图 4-1　拨盘草图

拨盘草图
绘制

4.1 ▲ 草图构成分析

一般情况下,绘制草图时,可以先画好全部图形,然后再进行尺寸标注,但对于尺寸相差太悬殊的图形,在修改尺寸时会很不方便。因此,在实际设计时,应该灵活处理:一般在定位基准线画好后,就可以标注好相关的尺寸。本例中的拨盘草图,采用边画图、边标注尺寸的方式。

4.2 ▲ 草图绘制步骤

4.2.1　绘制构造线并标注尺寸 //

依次单击【草图】工具栏中的【直线】→【中心线】按钮,绘制 3 条水平线、1 条竖直线和 1 条倾斜中心线;单击【草图】工具栏中的【圆心/起/终点画弧】按钮绘制圆弧;先单击坐标原点作为圆心,再单击圆弧的起点和终点;在【圆弧】属性管理器中,勾选【作为构造线】复选框,单击【确定】按钮,完成绘制圆弧构造线。单击【草图】工具栏中的【智能尺寸】按钮,标注竖直尺寸 40 mm、75 mm,角度尺寸 45°,圆弧半径 R50 mm,如图 4-2 所示。

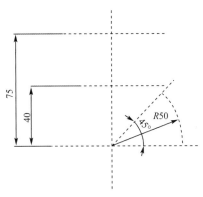

图 4-2　绘制构造线并标注尺寸

4.2.2　绘制圆、圆弧、直线 //

单击【草图】工具栏中的【圆】按钮,绘制 ϕ35 mm 的圆。单击【草图】工具栏中的【圆心/起/终点画弧】按钮,分别绘制 R15 mm、R20 mm、R35 mm 的圆弧。单击【草图】工具栏中的【直线】按钮,绘制 2 条竖直线,如图 4-3 所示。

4.2.3　绘制圆角 //

单击【草图】工具栏中的【绘制圆角】按钮,弹出【绘制圆角】属性管理器,在【半径】文本框内输入"12 mm",选取左侧竖直直线和 R35 mm 圆弧创建圆角,用同样的方法绘制圆角 R8 mm 和 R10 mm,如图 4-4 所示。

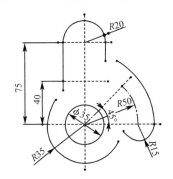

图 4-3　绘制圆、圆弧、直线

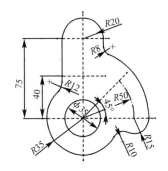

图 4-4　绘制圆角

专家提示:有时需要将形成圆角的两个实体之间的缝隙调小,才能绘制圆角。如果在绘制 R10 mm 圆角时,用上述方法不能绘制出来,可用圆弧命令绘制一段圆弧,再添加相切约束来实现。

4.2.4　绘制直槽口和中心圆弧槽口 //

单击【草图】工具栏中的【直槽口】按钮,在高度为 75 mm 的水平中心线与竖直中心线的交点处单击,确定直槽口的起点,在高度为 40 mm 的水平中心线与竖直中心线的交点

31

处单击,确定直槽口的终点,拖动鼠标,在适当的位置单击,绘制出竖直的槽口。单击【槽口】对话框中的【中心点圆弧槽口】按钮,在原点处单击,确定圆弧的圆心,在 45°斜中心线与 $R50$ mm 构造线圆弧的交点处单击,确定圆弧的起点,在 $R15$ mm 圆弧的圆心处单击,确定圆弧的终点,拖动鼠标,在合适的位置单击,绘制出右侧的中心圆弧槽口,如图 4-5 所示。

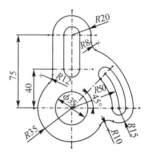

图 4-5　绘制直槽口和中心圆弧槽口

4.2.5　调整约束,标注其他尺寸 ///

调整约束,标注其他尺寸,完成图形的绘制,如图 4-1 所示。

专家提示:在绘制草图时,要关注鼠标指针的变化,根据指针形状的变化,来确定绘制的几何实体是否是自己需要的,从而提高绘图效率。比如,要在中心线上绘制圆,在单击【圆】按钮后,当指针处于中心线上时,会显示一个重合约束的符号,表示绘制的圆心处于中心线上,否则还需要添加几何关系使圆心位于中心线上。

实例 5

认识零件特征建模

本例重点掌握特征创建步骤;熟悉特征编辑方法;了解特征的定义及类型。

5.1 ▲ 特征的定义

特征是构成零件模型的三维基本单元,它对应于零件上的一个或多个功能,能被固定的方法加工成型。正确创建特征是三维设计的关键。

5.2 ▲ 特征的类型

零件建模时,常用的特征包括拉伸、旋转、凸台/切除、圆角/倒角、筋等。具有关联关系的特征中,被参考的特征我们称为父特征,参考父特征生成的特征我们称为子特征。SolidWorks 软件中的四种常用特征如下:

5.2.1 草图特征 //

草图特征是指由草图经过拉伸、旋转、切除、扫描、放样等操作生成的特征。上述特征在创建时,在模型上添加材料的称为"凸台",如法兰盘的下坯料;在模型上去除材料的称为"切除",如法兰盘的打通孔。

5.2.1.1 拉伸特征

拉伸特征是指一个草图轮廓,从指定位置开始(默认为草图平面),沿指定直线方向(默认为草图法线)移动到指定位置形成实体模型(一个草图)。如图 5-1 所示为圆沿草图法线移动得到圆柱体。

5.2.1.2 旋转特征

旋转特征是指一个草图轮廓,绕一条轴线旋转一定的角度形成实体模型(一个草图)。如图 5-2 所示为圆绕中心线旋转得到圆环。

5.2.1.3 扫描特征

扫描特征是指一个轮廓,沿一个路径(一条线)移动形成实体模型(两个草图,先路径,后轮廓)。如图 5-3 所示为圆沿槽口运动得到环。

图 5-1 拉伸特征

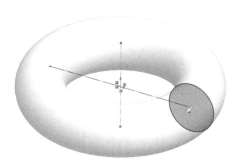

图 5-2 旋转特征

5.2.1.4 放样特征

放样特征是指在两个以上轮廓中间进行光滑过渡形成实体模型(两个以上草图)。如图 5-4 所示为放样特征做出的天圆地方体。

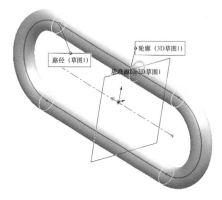

图 5-3 扫描特征

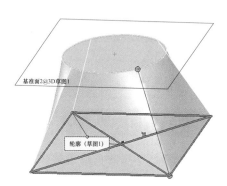

图 5-4 放样特征

5.2.2 附加特征 //

附加特征是指对已有特征局部进行附加操作生成的特征,如法兰盘的倒角。

5.2.2.1 圆角/倒角

在草图特征的两面交线处生成圆角/倒角,如交线倒圆角和倒角。

5.2.2.2 抽壳特征

抽壳特征是指抽取特征内部材料,生成薄壁特征。如图 5-5 所示为进行圆角特征和抽壳特征后的物体。

图 5-5 圆角特征和抽壳特征

5.2.3　操作特征 ///

操作特征是指针对基础特征和附加特征的整体阵列、复制及移动等操作获得的特征，如镜向特征是指法兰盘的阵列孔。

5.2.3.1　镜向特征

镜向特征是指沿镜面（模型面或基准面）镜向，生成一个特征（或多个特征）的复制，如一个孔中心镜向得到对称孔。

5.2.3.2　阵列特征

阵列特征是指将现有特征沿某一个方向进行线性阵列或绕某个轴的圆周阵列获得实体模型，如一个孔双向线性或圆周阵列得到四个孔。

5.2.4　参考特征 ///

参考特征是建立其他特征的基准，也叫定位特征，如选用前视基准面作绘图基准。

5.3 ▲ 特征创建步骤

零件特征建模设计的步骤为先草图、次附加、再操作。首先建立拉伸、旋转等草图特征；然后在其上添加倒角等附加特征；最后对上述特征进行阵列等操作，形成操作特征。

5.3.1　先草图 ///

先创建草图特征。建模过程为选草图、指起点、取路径、定目标。如法兰盘中的打通孔，即草图圆由坯料上表面沿其法线贯穿到坯料底面。

5.3.2　次附加 ///

对草图特征进行附加操作。建模过程为选位置、定方式、设参数、添附加。如法兰盘中的倒角，即在孔的圆柱面端线上按角度距离方式倒 $2 \times 45°$ 的角。

5.3.3　再操作 ///

对草图特征和附加特征进行整体操作。建模过程为选对象、定方式、设参数、加操作。如法兰盘中的阵列倒角孔，即将通孔和倒角按照圆周方式阵列。

5.4 ▲ 特征编辑方法

特征树是记录组成零件的所有特征的类型及其相互关系的树形结构，通过右击特征树中的特征名称，从弹出的快捷菜单中选择【编辑特征】选项，即可对特征进行编辑操作。常用特征编辑方法如下：

5.4.1　编辑草图 ///

功能：进入草图编辑状态，以便修改草图。

操作方法:右击设计树中的草图名称,然后在快捷菜单中选择相应的菜单项。

5.4.2　编辑草图平面 ///

功能:改变草图所在平面,用于调整视图方向。

操作方法:右击设计树中的草图名称,然后在快捷菜单中选择相应的菜单项。

5.4.3　编辑特征 ///

功能:进入特征编辑状态,以便修改特征尺寸。

操作方法:右击设计树中的草图名称,然后在快捷菜单中选择相应的菜单项。

5.4.4　压缩/解除压缩 ///

功能:隐藏/显示特征,且不装入/装入内存。

操作方法:右击设计树中的草图名称,然后在快捷菜单中选择相应的菜单项。

5.4.5　删除 ///

功能:在零件中删除特征(不可恢复)。

操作方法:右击设计树中的草图名称,然后在快捷菜单中选择相应的菜单项。

5.4.6　更改顺序 ///

功能:更改特征要素的先、后顺序。

操作方法:在设计树中选中并拖动特征名来更改顺序(不能更改具有父子关系的特征位置)。

5.4.7　插入特征(回退) ///

功能:暂时隐藏回退棒之后的特征,以便插入特征。

操作方法:在设计树中拖动回退棒(设计树底线)。

5.4.8　重命名 ///

功能:对特征树中的特征或草图进行重命名,以便于理解。

操作方法:在设计树中选中特征,单击,然后输入新的名称。

实例 6

法兰盘-拉伸+阵列特征建模

本例重点掌握拉伸特征操作与阵列特征操作。本例需要创建的法兰盘零件如图 6-1 所示,其建模过程:首先,用拉伸凸台特征完成法兰盘下料;然后,用拉伸切除命令钻孔,再用倒角特征对孔边倒角;最后,用圆周阵列特征创建其他孔。

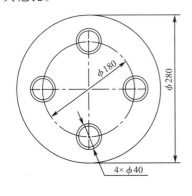

技术要求

1. 未注倒角均为2×45°。

2. 锐角倒钝角。

3. 板厚15 mm。

图 6-1 法兰盘

6.1 ▲ 先草图

6.1.1 建零件 //////////

单击【标准】工具栏上的【新建】按钮,在【新建 SolidWorks 文件】对话框中单击【零件】选项,然后单击【确定】按钮。

6.1.2 下坯料 //////////

选择上视基准面,单击【草图】工具栏中的【圆】按钮,单击【捕捉坐标原点】完成圆的绘制。在【草图】工具栏中单击【智能尺寸】按钮,单击圆弧线标注其直径为 280 mm。在 Command Manager 的【特征】工具栏中单击【拉伸凸台/基体】按钮,在【拉伸】对话框中设置【厚度】为 15.00 mm,单击【确定】按钮,如图 6-2 所示。

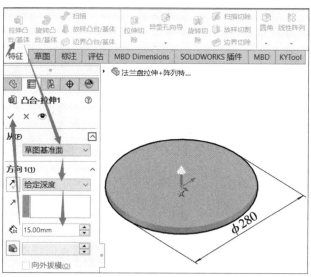

图 6-2　拉伸特征设置及操作

6.2　次附加：打通孔

6.2.1　绘制定位圆 //

选择圆盘上表面，单击【正视于】按钮图标 ⬩，单击【草图】工具栏上的【圆】按钮，捕捉到原点后单击，移动指针并单击即完成圆的绘制。在【圆】对话框中勾选【作为构造线】复选框。单击【智能尺寸】按钮，设置圆的直径为 180 mm，单击【确定】按钮。

6.2.2　绘制孔截面圆 //

单击【草图】工具栏上的【圆】按钮，单击捕捉定位圆线上的定位点，移动指针并单击即完成圆的绘制。单击【智能尺寸】按钮，将圆的直径设置为 40 mm，单击【确定】按钮。

6.2.3　拉伸切除特征 //

在 Cmnmand Manager 的【特征】工具栏中单击【拉伸切除】按钮，在【切除-拉伸】对话框中设置方向为【完全贯穿】，单击【确定】按钮。

6.3　再操作

6.3.1　倒角 //

在【特征】工具栏中依次选择【圆角】→【倒角】命令，如图 6-3(a)所示。单击选择孔的圆柱面为倒角对象；在【倒角】对话框中选中【角度距离】单选按钮，倒角参数为 C4，单击【确定】按钮，如图 6-3(b)所示。

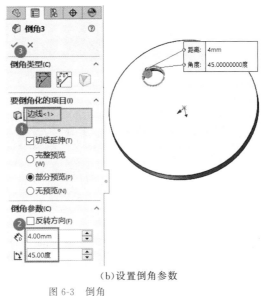

(a)启动倒角命令　　　　　　　　　　　　(b)设置倒角参数

图 6-3　倒角

6.3.2　阵列孔 //

在【特征】工具栏中依次选择【阵列】→【圆周阵列】命令,如图 6-4(a)所示。在【阵列(圆周)】选项卡中,选择圆盘的圆柱面(或圆线),以其轴线方向为圆周阵列的轴线,设置阵列个数为 4,选中【等间距】单选按钮,打开特征树,从中选择【切除-拉伸】和【倒角】特征,单击【确定】按钮,如图 6-4(b)所示。

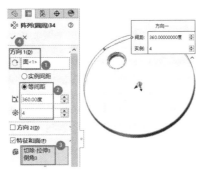

(a)启动圆周阵列命令　　　　　　　　　(b)设置阵列孔参数

图 6-4　阵列孔

6.4 ↑ 添材料

在特征树中,右击【材质】选项,在弹出的快捷菜单中选择【黄铜】选项。

专家提示:对比上述建模方法与直接用一个草图拉伸建模方法的优缺点,体会草图尽量简单的好处。

实例 7

普通 V 带(A 型)-扫描特征建模

本例重点掌握扫描特征操作。本例将要创建的普通 V 带(A 型)(以下简称 V 带)如图 7-1 所示。

图 7-1　普通 V 带(A 型)模型

普通 V 带
(A 型)-扫描
特征建模

7.1 ▲ 普通 V 带(A 型)建模过程分析

V 带的建模过程:首先,绘制 V 带的轮廓草图;然后,绘制 V 带的截面草图;最后,用扫描特征使 V 带的截面草图沿其轮廓草图扫描生成 V 带。

7.2 ▲ 操作步骤

7.2.1 新建零件文档

单击【标准】工具栏上的【新建】按钮,弹出【新建 SolidWorks 文件】对话框。单击【零件】,然后单击【确定】按钮,新建零件窗口出现。

7.2.2 先草图

7.2.2.1 绘制 V 带的轮廓草图

选择前视基准面,单击【草图】工具栏中的【草图绘制】按钮,绘制如图 7-2 所示的 V 带轮廓草图,单击【确定】按钮。

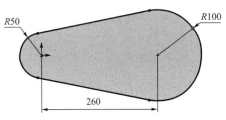

图 7-2　V 带轮廓草图

7.2.2.2　绘制 V 带的截面草图

1.改视向

如图 7-3 所示,依次单击【视图】工具栏上的【视向选择】→【等轴测】按钮图标,以显示整个矩形的全图并使其居中于图形区域。

2.绘形状

选择右视基准面,单击【草图】工具栏中的【草图绘制】按钮后,单击【直线】按钮,绘制如图 7-4 所示的 V 带截面形状草图。

图 7-3　视向设置

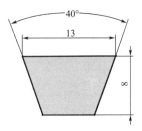

图 7-4　V 带截面形状草图

专家提示:此例无须裁剪,故没有"裁多余"这一步骤。

3.定位置

按住【Ctrl】键,单击 V 带截面草图下边线中点和 V 带轮廓草图上方的直线;如图 7-5所示,添加"穿透"关系,单击【确定】按钮,单击【退出草图】按钮。

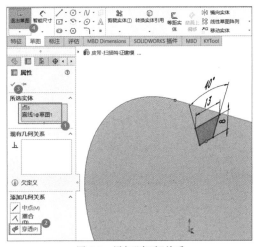

图 7-5　添加"穿透"关系

专家提示:扫描命令里面最主要的几何约束关系就是穿透。穿透的要领是【点】【线】

之间才可以是穿透关系,即线穿透点!需要注意三点:(1)穿透必须相触(锁在曲线上),重合则不一定,即穿透是重合的一个特例。(2)重合不一定穿透,穿透一定重合。因为重合关系只是一种投影关系。(3)也可以把穿透理解为真正意义上的空间上的重合。

7.2.3　扫描生成 V 带

在【特征】工具栏中单击【扫描】按钮,单击 V 带截面草图作为扫描轮廓,单击 V 带轮廓草图作为扫描路径,单击【确定】按钮,如图 7-6 所示。

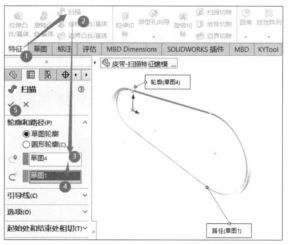

图 7-6　扫描特征设置与操作

7.2.4　添材料

在特征树中,右击【材质】选项,在弹出的快捷菜单中选择【橡胶】选项。

实例 8

手轮建模-综合演练

此例重点在于让学生能综合使用旋转、扫描和阵列等多种建模方法。需要建模的零件如图 8-1 所示。

8.1 ▲ 手轮建模过程分析

根据手轮模型的特点,其建模过程:轮心草图-旋转轮心、轮辐草图-扫描轮辐-阵列轮辐、轮圈草图-旋转轮圈。

8.2 ▲ 手轮建模步骤

此例主要用于练习,步骤从简。

8.2.1 轮心草图-旋转轮心(图 8-2) ///

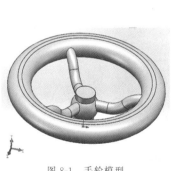

图 8-1　手轮模型

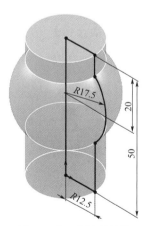

图 8-2　轮心草图-旋转轮心

8.2.2　轮辐草图（图 8-3）///

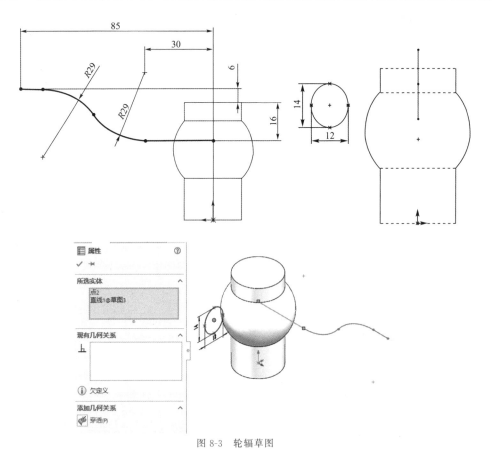

图 8-3　轮辐草图

8.2.3　扫描轮辐（图 8-4）///

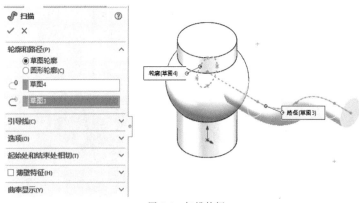

图 8-4　扫描轮辐

44

8.2.4　阵列轮辐（图 8-5）///

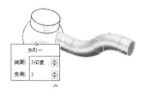

图 8-5　阵列轮辐

8.2.5　轮圈草图（图 8-6）//

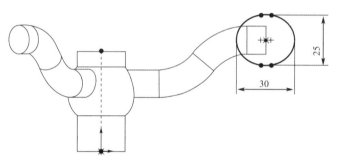

图 8-6　轮圈草图

8.2.6　旋转轮圈（图 8-7）//

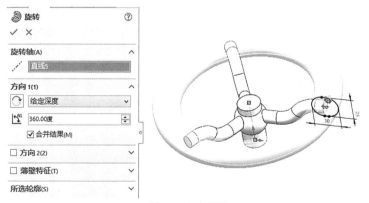

图 8-7　旋转轮圈

8.3 ⬆ 圆柱-草图特征建模对比及选用顺序

本节将采用拉伸、旋转、扫描和放样四种特征建模方法对 $\phi10\times20$ 的圆柱体进行建模，理解各种方法的特点，以便合理使用草图特征建模方法。

8.3.1 圆柱拉伸建模 //

如图 8-8 可知，圆柱拉伸建模需要一个草图圆（直径尺寸）和一个高度尺寸。

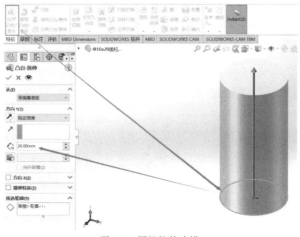

圆柱-草图特征建模对比及选用顺序

图 8-8　圆柱拉伸建模

8.3.2 圆柱旋转建模 //

如图 8-9 可知，圆柱旋转建模需要有一个矩形草图（半径和高）和两个线性尺寸（角度和方向）。

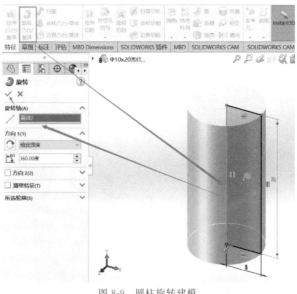

图 8-9　圆柱旋转建模

8.3.3 圆柱扫描建模

如图 8-10 可知,圆柱扫描建模需要有两个草图。

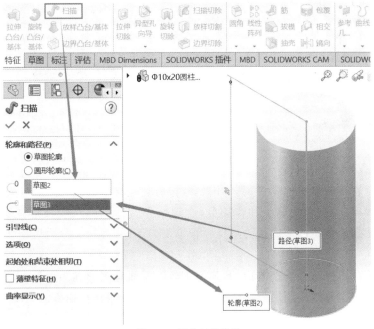

图 8-10　圆柱扫描建模

8.3.4 圆柱放样建模

如图 8-11 可知,圆柱放样建模需要有两个草图,而且还需要插入参考平面。

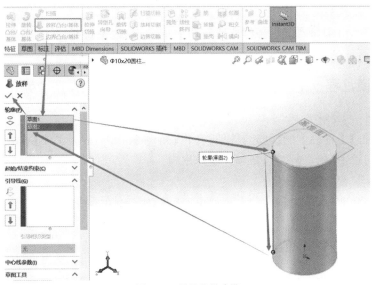

图 8-11　圆柱放样建模

由此可见,三维实体可以用多种特征造型方法实现,按照提高建模效率的目的,可归纳出草图特征的选用顺序依次是先拉伸、次旋转、再扫描、后放样。

实例 9

螺旋弹簧类常用件的三维设计

弹簧是一种存储能量的零件,其作用是减振、回弹、夹紧及测力等。

弹簧的种类有很多,按形状和作用分,有螺旋弹簧、蜗卷弹簧、板形弹簧和碟形弹簧等。其中圆柱螺旋弹簧的使用最为广泛。根据受力不同,弹簧又分为压缩弹簧、拉伸弹簧和扭转弹簧。

螺旋弹簧是用弹簧钢丝绕制成的,弹簧钢丝的截面有圆形和矩形等,以圆形截面最为常用。本例将分别介绍采用沿螺旋线扫描方法和绕直线扭转扫描方法完成圆柱压缩螺旋弹簧的建模过程。

9.1 沿螺旋线扫描方法

9.1.1 建模过程分析

螺旋弹簧是由钢丝圆绕一条螺旋线扫描而成的,其建模过程:绘制草图、扫描弹簧基体、拉伸切除特征创建支撑圈。

9.1.2 建模过程

9.1.2.1 绘制草图

单击【标准】工具栏上的【新建】按钮,弹出【新建 SolidWorks 文件】对话框。单击【零件】选项,然后单击【确定】按钮,新零件窗口出现。

1.绘制螺旋线基圆

选择上视基准面,单击【草图】工具栏中的【圆】按钮,单击捕捉坐标原点,移动指针并单击完成圆的绘制。单击【智能尺寸】按钮,选择圆,移动指针单击放置该直径尺寸的位置,将直径设置为弹簧中径 220 mm,单击【确定】按钮。

2.插入螺旋线

依次选择【插入】→【曲线】→【螺旋线/涡状线】命令,在如图 9-1 所示的【螺旋线/涡状线】对话框中,设定【定义方式】为【高度和圈数】,【参数】为【可变螺距】,并在【区域参数】中输入底部支撑圈、工作圈和顶部支撑圈的【高度】和【圈数】,单击【确定】按钮。

专家提示:【区域参数】有的是自动生成的(灰色),有的是需要填写的(白色);必须按照 1 至 5 的顺序填写【高度】和【圈数】,且【高度】和【圈数】的数值是依次增大的;此例中的【螺距】和【直径】都是自动生成的。

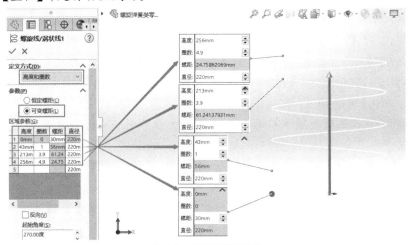

图 9-1　螺旋线参数设置

3.绘制钢丝圆

选择右视基准面,单击【草图】工具栏上的【圆】按钮。将指针移到螺旋线起点,捕捉该点,单击并移动指针,再次单击即完成圆的绘制。单击【智能尺寸】按钮,将圆直径设置为30 mm,单击【确定】按钮。

专家提示:螺旋线的起始角度要确保起点在右视基准面上,否则需要修改起始角度。本例中起始角度为 0;默认勾选顺时针不能变,反向不能选。此处圆心已经捕捉到了螺旋线起点,因此不必添加"穿透"关系;否则,需要按住【Ctrl】键,单击弹簧截面草图圆心和螺旋线草图起点,添加"穿透"关系。

9.1.2.2　扫描弹簧基体

在【草图】工具栏中单击【退出草图】按钮。在【特征】工具栏中单击【扫描】按钮,选择钢丝圆的轮廓和螺旋线的路径,在如图 9-2 所示的【扫描】对话框中单击【确定】按钮,完成弹簧造型。

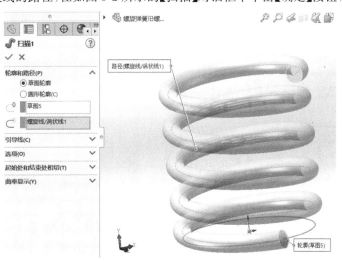

图 9-2　扫描弹簧基体

专家提示：螺距要大于钢丝圆直径，否则不可能扫描成功。此例中最小螺距为24.75，钢丝圆直径为 50 mm，所以不可能扫出来的；将钢丝圆直径改为 20 mm 试一试。

9.1.2.3　拉伸切除特征创建支撑圈

选择右视基准面，单击【草图】工具栏上的【边角矩形】按钮，在图形区中单击两点完成矩形的绘制。按住【Ctrl】键并选中矩形底边和原点，添加【中点】几何关系，单击【确定】按钮；按住【Ctrl】键并选中矩形左边和钢丝圆，添加【相切】几何关系，单击【确定】按钮；单击【智能尺寸】按钮，选中矩形左边，移动指针单击放置该尺寸的位置，将长度设为弹簧自由高 256 mm，单击【确定】按钮，完成草图绘制。

专家提示：这里一定要选择右视基准面，因为钢丝圆是在该基准面绘制的，否则无法选择钢丝圆。

单击【特征】工具栏中【切除-拉伸】按钮，如图 9-3 所示，设置【方向 1】和【方向 2】为【完全贯穿】，并勾选【反侧切除】复选框，单击【确定】按钮，完成弹簧造型。

专家提示：可以分别减少（或）和依次添加【方向 2】→【完全贯穿】→【反侧切除】选项，根据显示的即将切除的部分来体会各选项的含义。

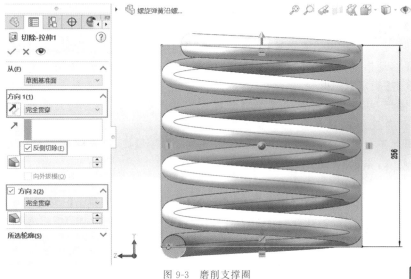

图 9-3　磨削支撑圈

绕直线扭转扫描方法

9.2　绕直线扭转扫描方法

9.2.1　建模过程分析

参照弹簧卷制工艺过程，弹簧是由钢丝圆绕三条首尾相连的直线扭转而成的，其建模过程：首先，在 3 个草图中分别绘制 3 条首尾相连的直线（滚子中心线）；再绘制钢丝圆；然后，利用扫描特征中的沿路径扭转命令依次创建弹簧基体（下支撑圈、工作圈、上支撑圈）；最后，利用反侧拉伸切除特征磨平支撑圈，即先滚子、后卷簧、再磨圈。

9.2.2 建模过程 //

9.2.2.1 新建零件文档

单击【标准】工具栏上的【新建】按钮,弹出【新建 SolidWorks 文件】对话框。单击【零件】选项,然后单击【确定】按钮,新建零件窗口出现。

9.2.2.2 绘制滚子中心线

1.下支撑圈滚子中心线

在左侧的设计树中依次选择【前视基准面】→【草图】,单击【直线】按钮,在绘图区捕捉草图原点,并移动鼠标绘制竖直直线。单击【智能尺寸】按钮,标注直线高为 13 mm(簧条半径),单击【确定】按钮。单击【退出草图】按钮,如图 9-4(a)所示。

2.上支撑圈滚子中心线

依次选择【前视基准面】→【草图】,单击【直线】按钮,在下支撑圈滚子中心线"正上方"单击并移动鼠标绘制竖直直线。按住【Ctrl】键,选择两条直线,添加【共线】和【相等】几何关系。单击【智能尺寸】按钮,标注两直线端点距离为弹簧自由高 260 mm,单击【确定】按钮。单击【退出草图】按钮,如图 9-4(b)所示。

3.工作圈滚子中心线

依次选择【前视基准面】→【草图】,单击【直线】按钮,将上面的两条直线首尾相连(专家提示:在相连时注意是最近的两个点相连)。单击【退出草图】按钮,如图 9-4(c)所示。

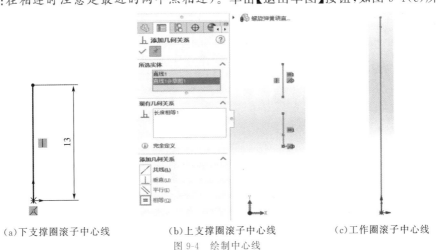

(a)下支撑圈滚子中心线　　　(b)上支撑圈滚子中心线　　　(c)工作圈滚子中心线

图 9-4　绘制中心线

9.2.2.3 卷下支撑圈

1.绘制钢丝圆

选择【前视基准面】,单击【草图】工具栏中的【圆】按钮,在绘图区滚子中心线右侧,单击并移动指针,再次单击即完成钢丝圆的绘制。单击【直线】按钮,捕捉草图原点,向下绘制竖直直线,并设为构造线。按住【Ctrl】键,单击草图原点和钢丝圆的圆心,添加【水平】关系。单击【智能尺寸】按钮,选择钢丝圆和构造线,并将鼠标移动到构造线左侧,单击标注对称尺寸为弹簧中径 220 mm,完成钢丝圆定位。再单击钢丝圆,标注其直径为 26 mm,如图 9-5 所示。单击【退出草图】按钮。

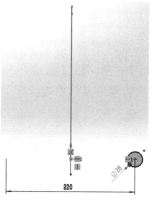

图 9-5　绘制钢丝圆

2.扫描下支撑圈

在【特征】工具栏中单击【扫描】按钮,单击钢丝圆草图作为扫描轮廓,单击下支撑圈滚子中心线草图作为扫描路径(草图 1),在【选项】选项卡中设置【轮廓方位】为【随路径变化】(默认),【轮廓扭转】为【指定扭转值】,【扭转控制】为【圈数】,【方向 1】为【0.75】(旋转0.75 圈),单击【确定】按钮,如图 9-6 所示。

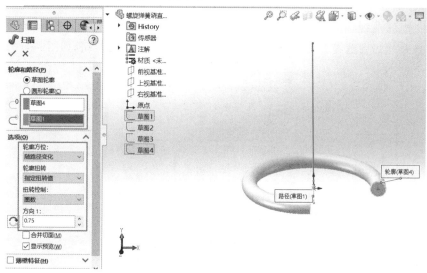

图 9-6　扫描下支撑圈

9.2.2.4　卷工作圈

1.绘制钢丝圆

选择下支撑圈上端的平面作为草图平面,依次单击【草图】→【草图绘制】按钮,进入草图环境,再单击【转换实体引用】按钮,将边线投影成钢丝圆。单击【退出草图】按钮。

专家提示:这里不能省略"单击【草图绘制】按钮,进入草图环境"。

2.扫描工作圈

在【特征】工具栏中单击【扫描】按钮,单击钢丝圆草图作为扫描轮廓,单击工作圈滚子中心线草图(草图 3)作为扫描路径,在【选项】选项卡中设置【轮廓方位】为【随路径变化】(默认),【轮廓扭转】为【指定扭转值】,【扭转控制】为【圈数】,【方向 1】为【2.90】(旋转 2.90

圈),单击图标 改变旋向(**专家提示:注意要改变旋向**),单击【确定】按钮,如图 9-7 所示。

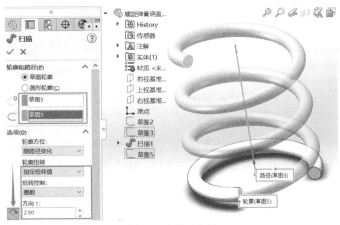

图 9-7　扫描工作圈

9.2.2.5　卷上支撑圈

1. 绘制钢丝圆

选择工作圈上端的平面作为草图平面,单击【草图】工具栏上的【草图绘制】按钮;进入草图环境,再单击【转换实体引用】按钮,将边线投影成钢丝圆,单击【退出草图】按钮。

2. 扫描上支撑圈

在【特征】工具栏中单击【扫描】按钮,单击钢丝圆草图作为扫描轮廓,单击上支撑圈滚子中心线草图作为扫描路径,在【扫描】对话框的【选项】选项卡中设置【轮廓方位】为【随路径变化】(默认),【轮廓扭转】为【指定扭转值】,【扭转控制】为【圈数】,【方向 1】为【0.75】(旋转 0.75 圈),单击【确定】按钮,如图 9-8 所示。

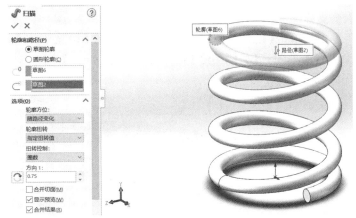

图 9-8　扫描上支撑圈

9.2.2.6　磨支撑圈

1. 绘制磨簧矩形

选择下支撑圈端面作为草图平面,依次选择【视图方向】→【正视于】,在【草图】工具栏中单击【矩形】按钮,在绘图区单击,然后移动指针来生成矩形。按住【Ctrl】键,单击草图原点和矩形下边线,添加【中点】关系,单击【确定】按钮;单击矩形右边线和下支撑圈圆线,添加【相

53

切】关系,单击【确定】按钮(专家提示:如果矩形画得小,即矩形右边线位于下支撑圈圆线的左侧,就应该先添加【相切】关系,再添加【中点】关系);选择特征树中【扫描3】,右击上支撑圈滚子中心线草图,在弹出的快捷菜单中选择【显示】按钮图标 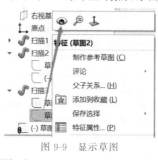 来显示草图,如图 9-9 所示,单击矩形上边线和上支撑圈滚子中心线的上端点,添加【中点】关系,如图 9-10 所示。

图 9-9　显示草图

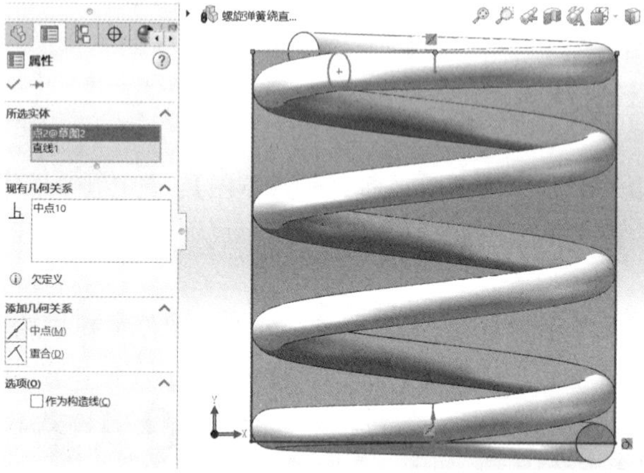

图 9-10　磨支撑圈草图

2.反侧切除磨支撑圈

在【特征】工具栏中单击【拉伸切除】按钮,单击矩形,在【切除-拉伸】对话框中,设置【方向 1】为【完全贯穿】,并勾选【反侧切除】复选框,设置【方向 2】为【完全贯穿】,单击【确定】按钮,如图 9-11 所示。

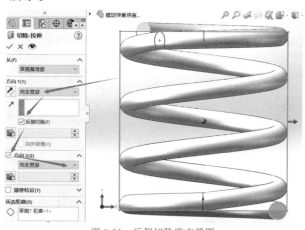

图 9-11　反侧切除磨支撑圈

实例 10

轴类零件三维设计

零件的形状虽然千差万别,但根据它们在机器(或部件)中的作用和形状特征,通过比较、归纳,可大体划分为轴类、盘盖类、叉架类、箱体类四种类型。从本例开始将分多个实例来分别介绍轴类、盘盖类、叉架类零件的三维设计。

在机器中,轴类零件起传递动力和支承的作用。常见的轴类零件有轴、花键轴、齿轮轴等。轴上一般都有键槽,结构多采用阶梯形。如果轴上装配的齿轮较小,就会将小齿轮与轴设计在一起,形成齿轮轴。当轴传递的扭矩较大时,就将其设计成花键轴。

轴类零件的结构特点和加工方法:一般由若干个不等径的同轴回转体组成,且多在车床、磨床上加工。因设计、加工或装配上的需要,其上常有倒角、螺纹退刀槽、键槽、销孔和平面等结构。

轴类零件的三维设计将分阶梯轴建模和齿轮轴建模两个实例进行介绍,重点掌撑轴类零件的建模过程及创建轴类零件上各种结构的方法。

10.1 阶梯轴三维设计实例

阶梯轴三维
设计

10.1.1 阶梯轴建模过程分析

对一般轴类零件的实体建模,可以参考其加工过程,其建模过程:拉伸凸台生成毛坯,拉伸切除生成各个阶梯部位,拉伸切除生成键槽,创建倒角,圆角完成轴的模型。

10.1.2 阶梯轴建模过程

10.1.2.1 新建零件文档

单击【标准】工具栏上的【新建】按钮,弹出【新建 SolidWorks 文件】对话框。单击【零件】选项,然后单击【确定】按钮,新建零件窗口出现。

10.1.2.2 拉伸凸台:下料

选择右视基准面,单击【草图】工具栏中的【圆】按钮,单击捕捉坐标原点,移动指针并单击完成圆的绘制。单击【智能尺寸】按钮,单击圆弧线标注直径为 45 mm。在【特征】工具栏中单击【拉伸凸台/基体】按钮,在【凸台-拉伸】对话框中设置深度为 128.00 mm,单击【确定】按钮,完成下料,如图 10-1 所示。

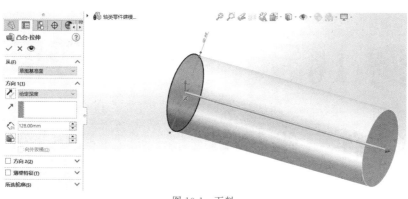

图 10-1　下料

10.1.2.3　拉伸切除:车右轴颈

选择棒料特征的右端面,单击【草图】工具栏中的【圆】按钮,将指针移到草图原点,指针变化时,单击并移动指针,再次单击即完成圆的绘制。单击【智能尺寸】按钮将圆的直径设置为 35 mm,单击【确定】按钮。在【特征】工具栏中单击【拉伸切除】按钮,在【切除-拉伸】对话框中设置深度为 23.00 mm,并勾选【反侧切除】复选框,单击【确定】按钮,如图 10-2 所示。

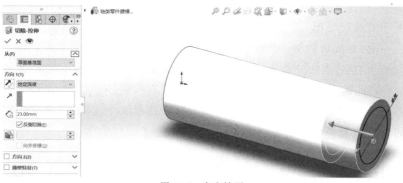

图 10-2　车右轴颈

10.1.2.4　拉伸切除:掉头车齿轮座

选择棒料特征的左端面,单击【草图】工具栏中的【圆】按钮,将指针移到草图原点,指针变化时,单击并移动指针,再次单击即完成圆的绘制。单击【智能尺寸】按钮,将圆的直径设置为 40 mm,单击【确定】按钮。在【特征】工具栏中单击【拉伸切除】按钮,在【切除-拉伸】对话框中设置深度为 74.00 mm,并勾选【反侧切除】复选框,单击【确定】按钮,如图 10-3 所示。

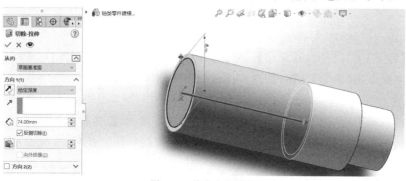

图 10-3　掉头车齿轮座

10.1.2.5　拉伸切除:车左轴颈

选择棒料特征的左端面,单击【草图】工具栏中的【圆】按钮,将指针移到草图原点,指针变化时,单击并移动指针,再次单击即完成圆的绘制。单击【智能尺寸】按钮,将圆的直径设置为 35 mm,单击【确定】按钮。在【特征】工具栏中单击【拉伸切除】按钮,在【切除-拉伸】对话框中设置拉伸方式为【到离指定面指定的距离】,单击选中轴肩左侧面,设置距离为 23.00 mm,并勾选【反侧切除】复选框,单击【确定】按钮,如图 10-4 所示。

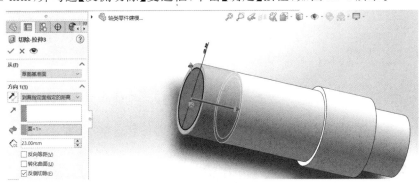

图 10-4　车左轴颈

10.1.2.6　拉伸切除:铣键槽

1.画草图

选择前视基准面,依次选择【视图定向】→【正视于】,单击【草图】工具栏上的【直槽口】按钮,绘制键槽草图。给槽口中心线和草图原点添加【重合】关系,并单击【智能尺寸】按钮为其添加定位尺寸(槽距轴肩 3 mm)和定形尺寸(槽长 45 mm 和槽宽 12 mm),如图 10-5所示。

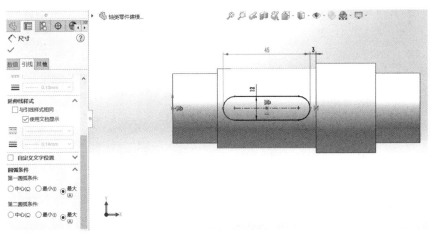

图 10-5　键槽草图

专家提示:在标注圆弧之间的距离时,可以直接单击两个圆弧的象限点,也可以在【尺寸】对话框中单击【引线】选项卡,设置【圆弧条件】选择【最大】。

2.切除拉伸

单击【特征】工具栏中的【拉伸切除】按钮,在图 10-6 所示的【切除-拉伸】对话框中设置【拉伸起点】为【等距】【15.50 mm】(35.5−40/2=15.5),【拉伸方式】为【完全贯穿】,【方向】为【反向】,单击【确定】按钮。

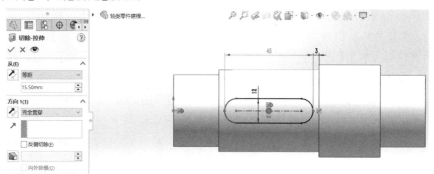

图 10-6 铣键槽

专家提示:注意两个问题:一是【方向】为【反向】;二是键槽草图应绘制在前视基准面上。

10.1.2.7 倒角:车 C2 倒角

在【特征】工具栏中单击【倒角】按钮,选择倒角边线,在图 10-7 所示的【倒角】对话框中设置距离为 2.00 mm,角度为 45°,并单击【确定】按钮。完成阶梯轴,如图 10-8 所示。

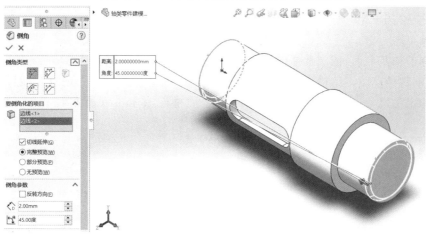

图 10-7 【倒角】对话框

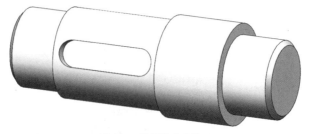

图 10-8 轴零件完整模型

10.2 ▲ 齿轮轴三维设计实例

本例设计齿轮轴,齿轮的齿为斜齿,其基本参数见表 10-1。

齿轮轴三维设计

58

表 10-1	齿轮的基本参数		
法向模数	5	分度圆直径	85.86
齿数	17	齿根圆直径	73.06
螺旋角	8°7′(左旋)	端面齿厚	建模时不需要
齿顶圆直径	95.86	基圆直径	建模时不需要

10.2.1　齿轮轴建模过程分析 ///

拟采用层层堆叠的方式建模,其建模过程:Toolbox 生成齿轮,拉伸生成阶梯轴的各个部分,生成键槽及其他特征。

10.2.2　齿轮轴建模过程 ///

10.2.2.1　新建零件文件
启动软件,依次单击【新建】→【模板】→【零件】命令。

10.2.2.2　打开设计库
依次单击【设计库】→【Toolbox】选项,单击【现在插入】按钮;再依次单击【GB】→【动力传动】→【齿轮】→【螺旋齿轮】选项,如图 10-9 所示。

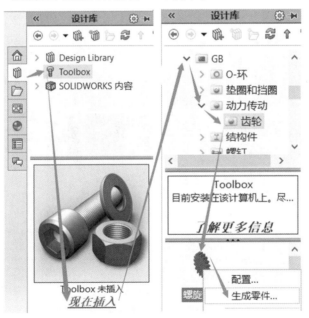

图 10-9　打开设计库找到螺旋齿轮

10.2.2.3　生成螺旋齿轮
右击【螺旋齿轮】选项,在弹出的菜单中选择【生成零件】选项,如图 10-9 所示;在弹出的【配置零部件】对话框中,如图 10-10 所示,依次设置好序号 1～10 的参数,最后单击【确定】按钮,生成螺旋齿轮。

专家提示:图 10-10 中的"面宽"即齿面宽度,就是螺旋齿轮沿轴线方向的长度。

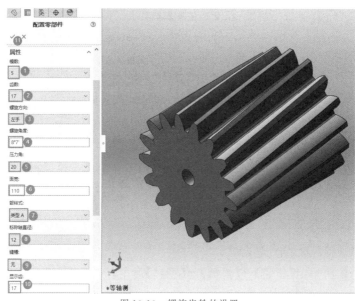

图 10-10　螺旋齿轮的设置

专家提示：如果单击【确定】按钮后看不见生成的螺旋齿轮，可以单击新建的那个文件的最小化，注意不要单击 SolidWorks 大窗口的最小化，就会看到生成的零件了。还可以尝试按"Alt＋Tab"组合键切换窗口来显示；还可以找到 Toolbox 新建的只读文件的位置，单击打开它。

单击【另存为】选项，选择文件夹位置，将文件名命名为"齿轮轴建模"，单击【保存】按钮。

10.2.2.4　消除中心的孔

在设计树中找到中心孔对应的草图，右击，单击【编辑草图】；在草图中找到生成该中心孔的草图，右击后，在菜单中单击【删除】选项，如图 10-11 所示。

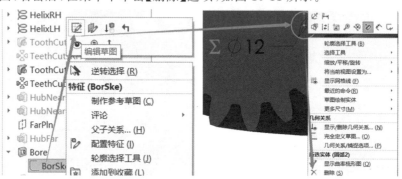

图 10-11　消除中心的孔

专家提示：还可以采用单击【Bore】选项后，单击【编辑特征】选项，选择【切除拉伸】的方式为【反向切除】，使其突出一点。不建议采用用一个直径大于 12 mm 的圆柱体来填满该孔的方法。

10.2.2.5　生成各段阶梯轴

依次单击【左端面】→【正视于】，在其上绘制直径为 70 mm 的圆，再选择【拉伸凸台】选项，长度为 25 mm。

重复上述步骤，依次添加左侧的 $\phi 65$ mm×87 mm 与 $\phi 60$ mm×48 mm 和右侧的 $\phi 66$ mm×18 mm 与 $\phi 60$ mm×30 mm。

10.2.2.6 倒角

在特征工具栏上单击【圆角】按钮,选择轴与齿轮两侧的两条交线,设置 $R=1.5$,单击【确定】按钮。

在特征工具栏上依次单击【圆角】→【倒角】选项,选择齿轮轴两端的两条边线,设置距离为 1 mm,角度为 45°,单击【确定】按钮。

10.2.2.7 生成键槽

1.创建基准面

依次单击【特征】→【参考几何体】→【基准面】选项,在弹出的【基准面】对话框中,【第一参考】设置为【Plane1】,单击【平行】按钮,设置【距离】为 25.500 0 mm,如图 10-12 所示(**专家提示**:查机械设计手册可知,$\phi 65$ mm 的轴上键槽深度为 7 mm,因此 Plane1 到键槽底部的距离就是 $65/2-7=25.5$)

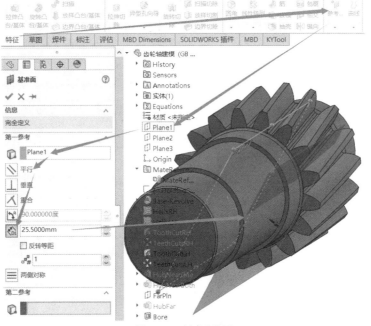

图 10-12　创建基准面

2.绘制键槽的二维草图

依次单击【基准面 1】→【正视于】选项;单击【草图绘制】→【直槽口】选项,绘制草图;单击【智能尺寸】按钮,标注尺寸,如图 10-13 所示。

图 10-13　键槽的二维草图

3.生成键槽

依次单击【特征】→【拉伸切除】选项,单击【方向】选项,选择【成型到下一面】,完成齿轮轴的创建。

实例 11

盘盖类零件三维设计

　　盘盖类零件通常是指机械机构中盖、环等零件,包括手轮、飞轮、皮带轮、端盖、法兰盘和分度盘等。主要起支撑、轴向定位,以及密封等作用。

　　盘盖类零件的结构特点和加工方法:主要部分仍为回转体,但径向尺寸较大,轴向尺寸较小;其上常见沿圆周分布的孔、肋、槽和轮辐等结构。这类零件主要也是在车床上加工的。

　　重点掌握盘盖类零件的建模过程及创建盘盖类零件上各种结构的方法。

11.1 ▲ 泵盖建模过程分析

盘盖类零件三维设计

　　泵盖一般对泵起到密封、保护等作用,根据泵种类的不同,泵盖的作用也有所区别。本例中泵盖模型如图 11-1 所示,其建模过程:用旋转和旋转切除特征生成整体形状,添加孔等细节特征。

图 11-1　泵盖模型

11.2 ▲ 泵盖建模过程

11.2.1　利用旋转特征生成整体形状 ///

　　11.2.1.1　新建文件

　　启动软件,单击【新建】按钮,打开【新建 SolidWorks 文件】对话框,选择【零件】选项,单击【确定】按钮。

　　11.2.1.2　绘制草图 1

　　选中【右视基准面】,依次单击【草图】→【草图绘制】按钮,进入草图绘制模式,使用【直线】和【构造线】绘制如图 11-2 所示形状,并单击【智能尺寸】标注对应尺寸。

11.2.1.3　旋转凸台 /基体

依次单击【特征】→【旋转凸台/基体】按钮,单击【确定】按钮,生成整体形状。

11.2.1.4　绘制草图 2

再次选择【右视基准面】,绘制如图 11-3 所示草图,并使用【智能尺寸】定义其约束。

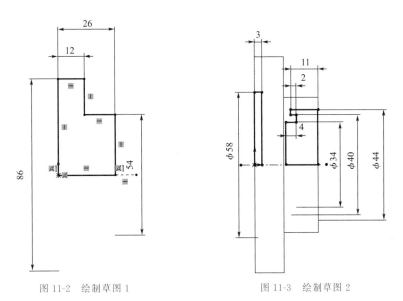

图 11-2　绘制草图 1　　　　　　　图 11-3　绘制草图 2

11.2.1.5　旋转切除

使用【旋转切除】命令,参数设置和模型,如图 11-14 所示。

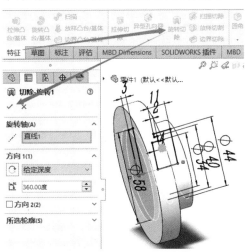

图 11-4　旋转切除设置及操作

11.2.2　添加孔等细节特征 //

11.2.2.1　绘制并阵列圆

绘制直径为 7 mm 和 11 mm 的两个圆,利用与原点的距离完全定义两个圆,随后依

63

次单击【线性草图阵列】→【圆周阵列】命令,选中两圆,阵列数设置为"等间距""6"个,单击【确定】按钮,如图 11-5 所示。

专家提示:草图应该绘制在直径为 86 的圆柱的外侧表面。如果选择错了,可以通过右击草图,选择【编辑草图平面】来修改。

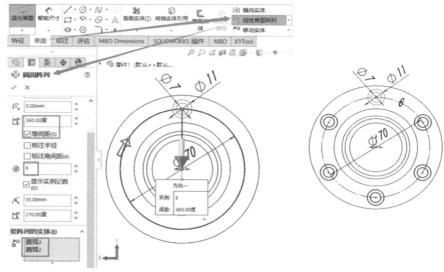

图 11-5　圆周草图阵列

11.2.2.2　拉伸切除生成孔

使用【拉伸切除】命令,切除方向设置为【完全贯穿】,在【所选轮廓】中选择所有直径为 7 mm 的圆,单击【确定】按钮,如图 11-6 所示。

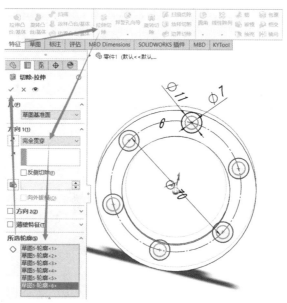

图 11-6　拉伸切除 1

专家提示:单击的是圆的边线,所选轮廓下显示的应该是"轮廓";而不要去单击圆的内部,那会在所选轮廓下显示"局部范围",会很麻烦,容易出错。

在设计树中找到刚刚生成的拉伸切除特征,展开,找到草图。选中该草图,依次单击【特征】→【拉伸切除】,选择给定深度为"5",单击【确定】按钮,切除完成后的模型如图 11-7 所示。

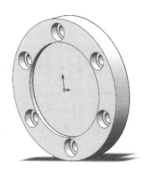

图 11-7　主体完成建模

11.2.2.3　倒圆角

使用【圆角】命令对模型进行倒圆角,倒圆角后的模型如图 11-8 所示。

图 11-8　泵盖完成建模

专家提示:此类零件的建模顺序都是类似的,主体使用旋转成形,然后添加细节特征。在定位和固定孔规律分布时,可以考虑使用阵列特征来加快建模速度,减少工作量。

实例 12

叉架类零件三维设计

本例重点掌握各种形式的拉伸成形方法,并能根据需要灵活选用;熟悉拉伸切除以及反侧切除的使用方法;了解利用反侧切除求解实体的交集部分。本例要完成的叉架零件的零件图及模型如图 12-1 所示。

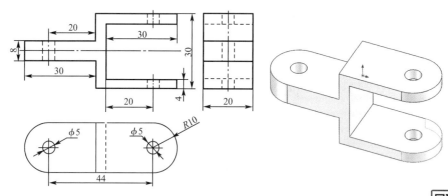

图 12-1 叉架零件的零件图及模型

叉架类零件
三维设计

12.1 ▲ 叉架零件建模过程分析

本例模型形状较简单,可采用多种方法进行建模;本例采用相对简单的反侧切除法进行建模。反侧切除类似于布尔运算中的求"交集",在许多零件建模中都能很快求出需要的几何体。建模的主要过程为绘制草图,拉伸出基体,利用槽口线拉伸体反侧切除,打孔。

12.2 ▲ 叉架零件建模过程

12.2.1 绘制草图 //

启动软件,依次单击【新建】→【模板】→【零件】命令。

依次单击【前视基准面】→【正视于】选项。单击【草图】→【草图绘制】按钮,单击【直线】绘制草图,如图 12-2 所示。

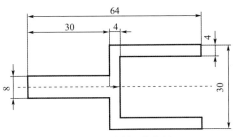

图 12-2 绘制基体草图

12.2.2 拉伸出基体 ///

依次单击【特征】→【拉伸凸台】按钮,在【凸台-拉伸 1】对话框的【方向 1】选项组中选择【给定深度】,输入拉伸高度 D1 为"20",其他选项默认,单击【确定】按钮,生成基体模型。

12.2.3 利用槽口线拉伸体反侧切除 ///////////////////////////////////////

12.2.3.1 绘制直槽口

依次单击【上视基准面】→【正视于】选项,依次单击【草图】→【草图绘制】按钮,单击【直槽口】绘制一个直槽口图形,如图 12-3 所示。

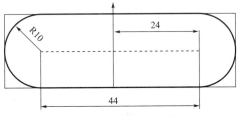

图 12-3 用于拉伸切除的草图

12.2.3.2 反侧切除

依次单击【特征】→【拉伸切除】按钮,在【切除-拉伸 1】对话框的【方向 1】选项组中选择【完全贯穿-两者】,勾选【反侧切除】复选框,其他选项默认,单击【确定】按钮,如图 12-4 所示。

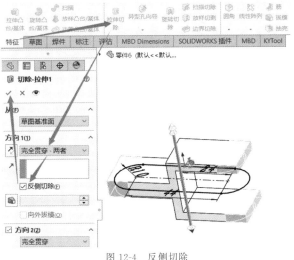

图 12-4 反侧切除

12.2.4　打孔 //

12.2.4.1　绘制圆孔草图

依次单击【草图】→【草图绘制】命令,单击【叉架最上表面】,单击【正视于】选项,单击【圆】按钮,绘制如图 12-5 所示草图。

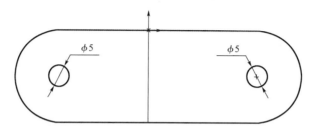

图 12-5　绘制圆孔草图

12.2.4.2　拉伸切除

依次单击【特征】→【拉伸切除】按钮,在【切除-拉伸 1】对话框的【方向 1】下拉列表中选择【完全贯穿】,其他选项默认,单击【确定】按钮,生成实体模型,如图 12-1 所示。

实例 13

认识虚拟装配设计

装配体设计是 SolidWorks 软件三大功能之一,是将零件在软件环境中进行虚拟装配,并可进行相关的分析。装配是整个产品制造过程中的后期工作,各零部件需要正确地装配,才能形成最终产品。

本例将介绍 SolidWorks 虚拟装配设计的方法、过程和技巧。通过本例要能重点掌握虚拟装配的设计过程和技巧,为创建装配工程图做好准备。

认识虚拟装配设计

13.1 各类装配的定义

虚拟装配设计是指在零件造型完成以后,根据技术要求和设计意图将若干零部件接合成部件或将若干个零部件和部件接合成产品,形成与实际产品装配相一致的装配结构,并对其进行相应分析与评价的过程。

装配是指按规定的技术要求,将零部件进行配合和连接,使之成为半成品或成品的工艺过程。部件装配是指把零件装配成半成品。总装配是指把零件和部件装配成产品的过程。

13.2 虚拟装配设计的方法

虚拟装配设计包括自下而上、自上而下、自下而上与自上而下相结合三种设计方法。

13.2.1 自下而上设计方法

在日常设计中,使用最多的就是自下向上的设计方法,也叫自底向上的装配,是比较传统的方法。此方法在装配之前,已经独立设计好了装配体所需要的所有零部件,装配时只需要将各个零部件依次插入装配体,再根据零件之间的配合关系,将其组装在一起,像积木一样搭建而成产品。如果需要更改零部件,必须单独编辑零部件,更改可以反映在装配体中。

这种方法的零部件之间不存在任何参数关联,仅仅存在简单的装配关系。对于设计的准确性、正确性、修改,以及延伸设计有很大的局限性。使用该设计方法,设计者能够更专注于单个零件的设计。

13.2.2 自上而下设计方法 //

在自上而下设计方法中,零部件的形状、大小及位置可以在装配体中进行设计,即零件的一个或多个特征由装配体中的某项(比如布局草图或一个零件的几何体)来定义。设计意图(特征大小、装配体中零部件的放置,与其他零件的靠近等)来自顶层(装配体)并下移到零件中。其优点是在设计更改发生时变动更少,零部件根据所生成的方法自动更新。

可以在零部件的某些特征、完整零部件或者整个装配体中使用自上而下设计方法。用户可以在实践中使用自上而下设计方法对装配体进行整体布局,并捕捉装配体特定的自定义零部件的关键环节。

13.3 虚拟装配设计的过程

虚拟装配设计的过程主要包括以下四个环节:

13.3.1 划层次 //

划层次即划分装配层次,是指确定机械产品(机器)中零部件的组成,并确定各装配单元的基准件。具体思路是,首先,按照运动关系将零部件划分成固定部件和运动部件两大类。然后,按照拆卸运动部件的顺序进行细分。最后,再按装配顺序将各低级部件依次划分为零件。

13.3.2 定顺序 //

定顺序即确定装配顺序,是指根据各零部件的配合关系和装配体的结构形式,确定各零部件的装配顺序。确定装配顺序的原则是"先下后上、先内后外""先机架、后连架、再连杆"。

13.3.3 添配合 //

添配合即添加装配配合关系,是指约束零件自由度及各零件相对位置。

13.3.4 做检查 //

做检查即执行装配体检查,包括零件相互间的间隙分析和零件干涉检查。通过检查分析,可以发现所设计的零件在装配体中不正确的地方,然后根据装配体的结构和零部件的干涉情况修改零件模型。

13.4 虚拟装配设计的技巧

13.4.1 草图尽量简 //

零件建模时,尽量用完全定义的简单草图,这是重中之重! 一定要避免在草图中使用阵列、圆角等对速度影响巨大的特征。

13.4.2　多用子装配 //

尽量多使用子装配体装配产品,避免把所有零件添加到一个装配体中。因为,一旦设计有变更,只有需要更新的子装配体才会被更新,否则,整个装配体内所有配合都会被更新。

13.4.3　配合到固定 //

把多数零件配合到一个或两个固定的零件。

13.4.4　配合有先后 //

先关系配合、逻辑配合,后距离配合、范围配合,避免循环配合及外部参考。

自上而下
设计的基础
知识

13.5　自上而下设计的基础知识

在自上而下的装配设计中,零件的一个或多个特征由装配体中的其他零件定义。由于其设计意图(特征大小、装配体中零部件的放置等)来自顶层装配体并下移到零件,因此称为自上而下设计方法,又称关联设计。

产品的最终结果是一个装配体,设计的目的是得到结构最合理的装配体。装配体中包含了许多零件,如果单独设计每一个零件,最终的设计结果可能需要进行大量的修改。如果在设计中能够充分地参考已有零件的结构,可以使设计更接近装配的结构,即在装配状态下进行设计更合理。

13.5.1　自上而下设计的类型 //

自上而下的设计可采取以下两种方法。

13.5.1.1　编辑零部件的设计方法(混合法)

零件的某些特征可以通过参考装配体中的其他零件自上而下设计。通常情况下,用户可以在零件环境中创建零件的非关联特征(属于自下而上的设计方法),然后在装配环境下用【编辑】命令来创建零件的关联特征(属于自上而下的设计方法)。例如,为了防止配合部位发生干涉,可以在装配环境中对零件进行关联设计,即参考已有零件的特征进行设计。如轴与孔的配合确定后,轴与孔的尺寸即形成关联,当修改轴的尺寸时孔的尺寸应该做相应的改变。关联设计的目的就是要实现自动响应这些变更,以保证设计结果的一致性。

13.5.1.2　布局草图的设计方法

整个装配体从布局草图开始自上而下设计。通常,首先通过绘制一个或多个布局草图,定义零部件位置和装配总体尺寸(如长度尺寸)等;然后,在生成零件之前,分析机构运动关系,优化布局草图;最后,利用以上布局草图为参考基准,给定断面形状及断面尺寸,来创建零件的三维模型。其设计思路和过程为先骨架、次装配、再分析、后实体。

13.5.2 自上而下设计时界面的变化 ///

依次单击【装配体】→【插入零部件】→【新零件】，或依次单击【插入】→【零部件】→【新零件】，就可以进入自上而下装配设计环境，其界面有以下变化。

15.5.2.1 鼠标指针的变化

鼠标指针由"箭头"变成了"箭头＋对钩"，如图标 。

13.5.2.2 设计树的变化

新名称出现在设计树中，其名称格式为"零件 n"；虚拟零部件出现，其名称格式为［零件 n˄装配体名］。零件的原点与装配体的原点重合，零件的位置为【固定】。

专家提示：建议保持零件的位置为【固定】。

13.5.2.3 单击"编辑零部件"后的变化

零件名称"（固定）［零件 n˄装配体名］"变为蓝色。若想将编辑焦点返回装配体，单击【编辑零部件】以消除编辑零部件，或在左上角【确认】角落中单击【返回装配体】图标 。

专家提示：经常会因为一些意外情况导致 SolidWorks 软件崩溃，而崩溃后如果文件没有保存，可以这样找回：依次单击【工具】→【选项】→【系统选项】→【备份/恢复】，复制自动恢复文件夹位置；在计算机地址栏粘贴该路径，按【Enter】键，打开自动备份所在位置；找到后将后缀.swar 删掉，再次打开即可。

13.5.3 自上而下的设计步骤 ///

13.5.3.1 整体规划

确定产品的机构组成、运动关系、总体尺寸等设计要求。

13.5.3.2 建立机器骨架

画出产品的各个零部件骨架，并将每个零部件骨架按照装配关系组装成骨架模型。骨架模型包含整个装配中重要的装配参数和装配关系。

13.5.3.3 装配关系验证

对装配骨架模型进行运动模拟，验证装配关系是否合理。

13.5.3.4 零件细化设计

根据设计信息，在零部件骨架基础上，完成零部件结构形状设计。为了防止配合部位发生干涉，可以在装配环境中对零件进行关联设计。

13.5.3.5 装配模型验证

用细化后的零件模型替换装配骨架中的零件骨架模型，完成装配模型设计。对装配模型进行干涉检查，验证零件结构的装配合理性。

13.5.4 基于布局草图的装配体设计 ///

自上而下设计是从装配模型的顶层开始，通过在装配环境建立零部件来完成整个装配模型设计的方法，因此，在装配设计的最初阶段，可以按照装配模型的最基本的功能和要求,在装配体顶层构筑布局草图,用这个布局草图来充当装配模型的顶层骨架。随后的设计过程基本上都是在这个基本骨架的基础上进行复制、修改、细化和完善,最终完成整个设计过程。

布局草图对装配体的设计是一个非常有用的工具,使用装配布局草图可以控制零部件和特征的尺寸及位置。对装配布局草图的修改会引起所有零部件的更新,如果再采用装配设计表还可以进一步扩展此功能,自动创建装配体的配置。

使用装配体的布局草图,需要执行下列步骤:

13.5.4.1 新建一个装配体,并在装配体中绘制布局草图

依次单击【新建】→【模板】→【装配体】,弹出【开始装配体】面板,如图 13-1(a)所示,单击【生成布局】按钮,进入 3D 草图模式;特征管理器设计树中生成一个"布局"文件。

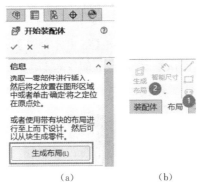

(a)   (b)

图 13-1　生成布局的两种方法

专家提示:要展开【开始装配体】面板中的"信息",才可以看见【生成布局】按钮。也可以在装配体中依次单击【布局】→【生成布局】按钮,如图 13-1(b)所示。

在布局草图中绘制出如图 13-2 所示草图,完成布局草图绘制后单击【布局】按钮,退出 3D 草图模式。

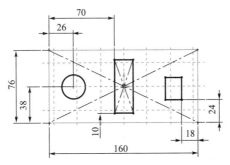

图 13-2　绘制布局草图

13.5.4.2 参考布局草图中的几何体创建各个零部件

专家提示:用布局草图来定义零部件的尺寸、形状,以及它在装配体中的位置,一定要确保每个零件都参考了此布局草图。

从绘制的布局草图中可以看出,整个装配体由 4 个零部件组成。依次单击【装配体】→【插入零部件】→【新零部件】按钮,生成一个名为"(固定)[零件 1A 装配体 1]<1>(默认<默认>_显示状态 1)"的虚拟零部件文件。在特征管理器设计树中右击该零部件文

件,并选择右键菜单中的【编辑零件】命令,即可激活新零部件文件,也就是进入零部件设计模式创建新零部件文件的特征。

专家提示:可能需要等一会才能在右键菜单中显示【编辑零件】命令。

单击【特征】选项卡中的【拉伸凸台/基体】按钮,利用布局草图的轮廓,重新创建 2D草图,并创建出拉伸特征,如图 13-3 所示。

专家提示:草图平面要选择和布局草图是同一个平面。

图 13-3　拉伸凸台生成底板

拉伸特征创建后在【草图】选项卡中单击【编辑零部件】按钮,完成装配体第一个零部件的设计。再使用相同方法依次创建出其余的零部件,最终设计完成的装配体模型如图 13-4 所示。

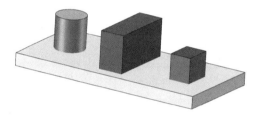

图 13-4　使用布局草图设计的装配体模形

13.6　虚拟零部件概述

虚拟零部件保存在装配体文件内部,而不是在单独的零件文件或子装配体文件中。

虚拟零部件在自上而下的设计中尤为有用。在概念设计阶段,如果需要频繁试验和更改装配体结构和零部件,那么使用虚拟零部件相比采用自下而上的设计方法,具有以下几个优点:

1.可以在设计树中重新命名这些虚拟零部件,而不需要打开它们,另存备份档并使用替换零部件命令。

2.只需要一步操作,即可让虚拟零部件中的一个实例独立于其他实例。

3.用于存储装配体的文件夹中,不会存放因零部件设计迭代而产生的未用零件和装配体文件。

专家提示:默认情况下,在关联装配体中生成零部件时,软件可将零部件作为虚拟零部件保存在装配体文件内。

实例 14

自下而上台虎钳的装配设计

本例重点掌握如何分解子装配,巩固自下而上的装配设计方法。

14.1 ▲ 自下而上台虎钳的装配过程分析

台虎钳是安装在工作台上用以夹稳加工工件的工具。它的组成零部件较多,但可以分成固定钳座和活动钳座两大部分,因此,台虎钳的装配过程为装配活动钳座子装配、装配固定钳座、插入子装配。

14.2 ▲ 自下而上台虎钳的装配过程

14.2.1 装配活动钳座子装配 ///

新建装配体文件,进入装配环境。在【打开】对话框中单击【实例 14】目录中的【活动钳口.SLDPRT】文件打开,单击【确定】按钮。

依次单击【装配体】→【插入零部件】按钮,属性管理器中显示【插入零部件】面板。在该面板中单击【浏览】按钮,将对应目录中的【钳口板.SLDPRT】文件插入装配环境并放置在活动钳口的对应位置。

同理,依次将【开槽沉头螺钉.SLDPRT】和【开槽圆柱头螺钉.SLDPRT】零部件插入装配环境,如图 14-1 所示。

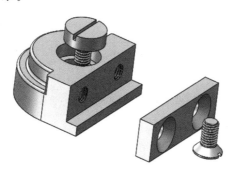

图 14-1 插入活动钳座子装配体的零部件

专家提示：插入零部件的顺序可以打乱；用"移动零部件"命令将其移动到合适位置。

依次单击【装配体】→【配合】按钮，属性管理器中会显示【配合】面板。然后在图形区域中选择钳口板的孔边线和活动钳口中的孔边线作为要配合的实体，钳口板自动与活动钳口孔对齐。在【标准配合】工具栏中选中【同轴心】配合，单击【确定】按钮，如图 14-2 所示。

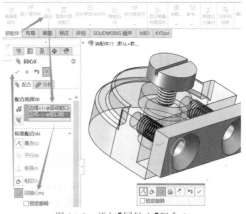

图 14-2　添加【同轴心】配合 1

接着在钳口板和活动钳口零部件上各选择一个面作为要配合的实体，随后钳口板自动与活动钳口完成【重合】配合，在【标准配合】工具栏中单击【确定】按钮，如图 14-3 所示。

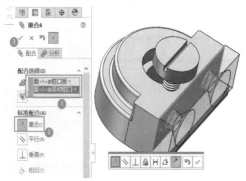

图 14-3　添加【重合】配合 1

选择活动钳口顶部的孔边线与开槽圆柱头螺钉的边线作为要配合的实体，并完成【同轴心】配合，如图 14-4 所示。

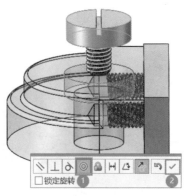

图 14-4　添加【同轴心】配合 2

专家提示：一般情况下，有孔的零部件使用【同轴心】配合与【重合】配合或【对齐】配合。无孔的零部件可用除【同轴心】外的配合。

选择活动钳口顶部的孔台阶面与开槽圆头螺钉的台阶面作为要配合的实体，并完成【重合】配合，如图 14-5 所示。

同理，对开槽沉头螺钉与活动钳口使用【同轴心】配合和【重合】配合，结果如图 14-6 所示。

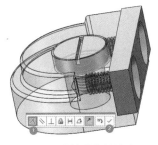
图 14-5　添加【重合】配合 2

图 14-6　装配开槽沉头螺钉

单击【线性零部件阵列】按钮，属性管理器中显示【线性阵列】面板。然后在钳口板上选择一边线作为阵列参考方向；再选择开槽沉头螺钉作为要阵列的零部件，在输入阵列距离"40"及阵列数量"2"后，单击面板中的【确定】按钮，完成零部件的阵列，如图 14-7 所示。

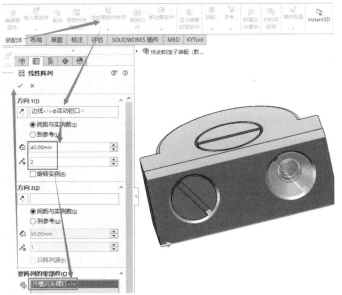
图 14-7　线性阵列开槽沉头螺钉

至此，活动钳座子装配体完成，将装配体文件保存为"活动钳座子装配.SLDASM"，关闭窗口。

14.2.2　装配固定钳座 //

新建装配体文件，进入装配环境；在【打开】对话框中单击本例对应目录中的"钳座.SLDPRT"文件，单击【确定】按钮，以此作为固定零部件。

同理，单击【插入零部件】工具，执行相同操作，依次将方块螺母、钳口板、开槽沉头螺钉、螺母和丝杠等零部件插入装配环境，如图 14-8 所示。

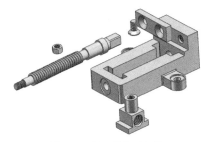

图 14-8　插入其他零部件

首先，装配丝杠到钳座上。单击【配合】按钮，选择丝杠圆形部分的边线与钳座孔边线作为要配合的实体，使用【同轴心】配合。然后，再选择丝杠圆形台阶面和钳座孔台阶面作为要配合的实体，并使用【重合】配合，配合的结果如图 14-9 所示。

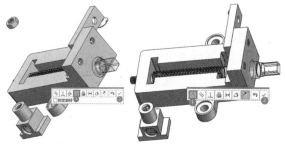

图 14-9　添加丝杠与钳座的配合

装配螺母到丝杠上。螺母与丝杠的配合也使用【同轴心】配合和【重合】配合，如图 14-10 所示。

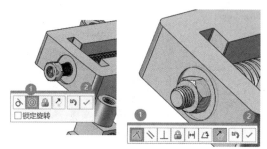

图 14-10　添加螺母和丝杠的配合

装配钳口板到钳座上。装配钳口板时使用【同轴心】配合和【重合】配合，操作同前。

装配开槽沉头螺钉到钳口板。装配钳口板时使用【同轴心】配合和【重合】配合，操作同前。

装配方块螺母到丝杠。装配时方块螺母使用【距离】配合和【同轴心】配合。选择方块螺母上的面与钳座面作为要配合的实体后，方块螺母自动与钳座的侧面对齐。此时，在标准配合工具栏中单击【距离】按钮，然后在【距离】文本框中输入 70，再单击【确定】按钮，完成距离配合，如图 14-11 所示。

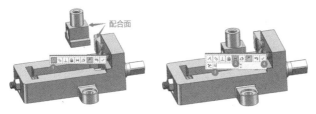

图 14-11 对齐方块螺母与钳座并添加距离

接着再对方块螺母和丝杠添加【同轴心】配合,关闭【配合】面板,配合完成的结果如图 14-12 所示。

图 14-12 添加方块螺母与丝杠的同心配合后的模型

14.2.3 插入子装配

单击【插入零部件】按钮,属性管理器中显示【插入零部件】面板,在面板中单击【浏览】按钮,然后在【打开】对话框中将先前另存为"活动钳座子装配.SLDASM"的装配体文件打开。

专家提示:在【打开】对话框中,须先将"文件类型"设定为"装配体"以后,才可选择子装配体文件。

打开装配体文件后,将其插入装配环境并放置在适当位置。

添加配合关系,将活动钳座装配到方块螺母上。首先,添加【重合】配合和【角度】配合将活动钳座的方位调整好,如图 14-13 所示。

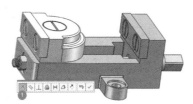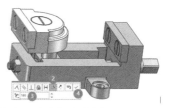

图 14-13 添加【重合】配合和【角度】配合定位活动钳座

然后,添加【同轴心】配合,使活动钳座与方块螺母完全地同轴配合在一起。最后,添加活动钳座的底面与固定钳座的顶面【重合】的配合。完成配合后关闭【配合】面板。

至此,台虎钳的装配设计工作已全部完成。将结果另存为"台虎钳装配.SLDASM"装配体文件。装配好的模型如图 14-14 所示。

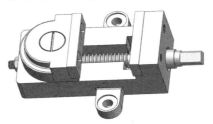

图 14-14 台虎钳模型

实例 15

自上而下脚轮的装配设计

脚轮也叫万向轮，由固定板、支承架、塑胶轮、轮轴及螺母构成，能 360°旋转。本例重点掌握自上而下的装配设计方法。

本例将在总装配体结构下，依次构建出脚轮各零部件模型。操作步骤如下：

15.1 ▲ 创建固定板零部件

单击【新建】按钮，选择【装配体】后，单击【确定】按钮。在【打开】对话框中单击【取消】按钮后，再单击【开始装配体】中的【关闭】按钮，系统新建一个装配体。

自上而下脚轮的装配设计

依次单击【装配体】→【插入零部件】按钮下方的下三角按钮，然后选择【新零件】命令，随后建立一个新零部件文件"（固定）【零件 1^装配体 1】"，如图 15-1 所示，鼠标变成"箭头＋对钩"。单击"（固定）【零件 1^装配体 1】"，将它重命名为"固定板"。

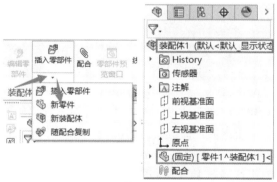

图 15-1　装配体下新建零部件文件

选择该零部件，然后依次单击【装配体】→【编辑零部件】按钮，或者选择该零部件，在右键后弹出的菜单中，选择【编辑零部件】选项，进入零部件设计环境，如图 15-2 所示。

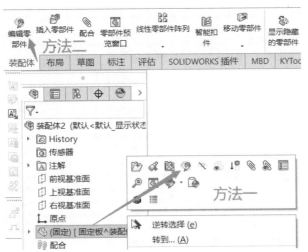

图 15-2 启动【编辑零部件】命令

在零部件设计环境中，单击【拉伸凸台/基体】工具，选择前视基准面作为草图绘制平面，进入草图模式绘制出如图 15-3 所示的草图。单击【退出草图】按钮。

专家提示：因为使用的空模板不是 GB 模板，所以显示的单位是 m 而不是 mm，因此需要重新设置，依次单击【选项】→【文档属性】→【单位】命令。

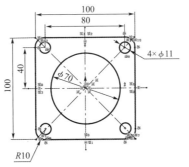

图 15-3 绘制草图

在【凸台-拉伸】面板中重新选择轮廓草图中直径为"$\phi 70$"的圆，设置图 15-4 所示的拉伸参数后，单击【确定】按钮完成圆形实体的创建。

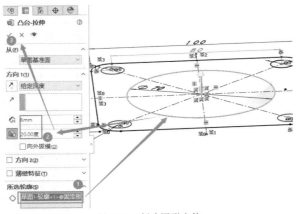

图 15-4 创建圆形实体

81

再次单击【拉伸凸台/基体】按钮；单击【草图 1】，系统自动选择余下的草图曲线作为【所选轮廓】；单击【方向 1】选择"反向"，设置 D1＝3.00 mm；单击"圆"内部，再单击"圆"外部，使其都成为【所选轮廓】，单击【确定】按钮，如图 15-5 所示。

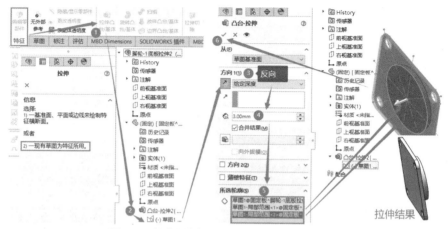

图 15-5　创建由其余草图曲线和圆作为轮廓的实体

专家提示：创建拉伸实体后，余下的草图曲线被自动隐藏，此时需要显示草图。

单击【旋转切除】工具，选择右视基准面作为草绘平面，然后绘制如图 15-6 所示的草图。

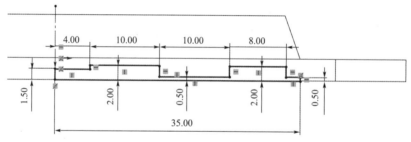

图 15-6　绘制旋转切除实体的草图

退出草图模式后，以默认的旋转切除参数来创建旋转切除特征，如图 15-7 所示。

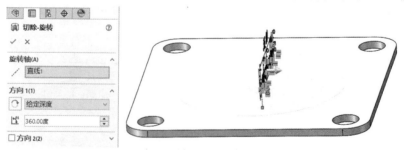

图 15-7　创建旋转切除特征

依次单击【特征】→【圆角】按钮，为实体创建半径分别为 5.00、1.00 和 0.50 的圆角特征，如图 15-8 所示。

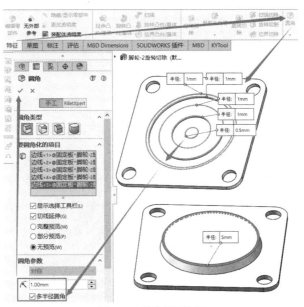

图 15-8　创建圆角特征

依次单击【特征】→【编辑零部件】按钮,完成固定板零部件的创建。

15.2　创建支承架零部件

在装配环境插入第 2 个【新零部件】文件,并重命名为"支承架"。

选择支承架零部件,然后单击【编辑零部件】按钮,进入零部件设计环境。

使用【拉伸凸台/基体】工具,选择固定板零部件的圆形表面作为草绘平面,然后绘制如图 15-9 所示草图。

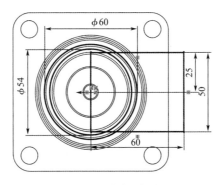

图 15-9　绘制支承架草图

退出草图模式后,在【凸台-拉伸】面板中重新选择直径为 54 的圆作为拉伸轮廓,并输入拉伸深度值为 3 mm,如图 15-10 所示,最后关闭面板完成拉伸实体的创建。

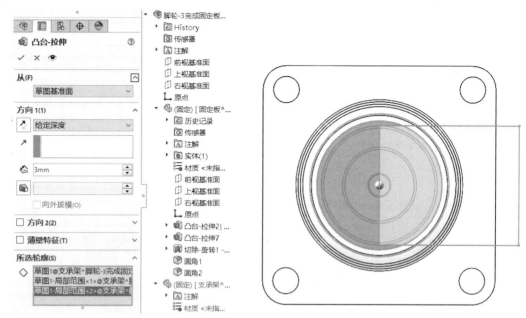

图 15-10　创建圆形实体 1

再次单击【拉伸凸台/基体】按钮,选择上一个草图中直径为 60 的圆,选择从"等距""3 mm"来创建深度为"80 mm"的实体,如图 15-11 所示。

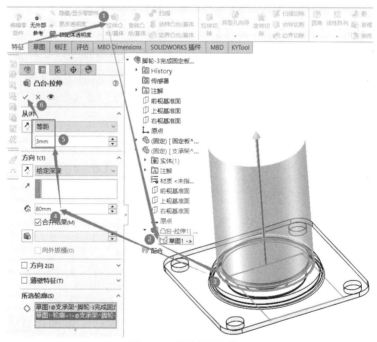

图 15-11　创建圆形实体 2

再单击【拉伸凸台/基体】按钮,选择矩形来创建实体,如图 15-12 所示。

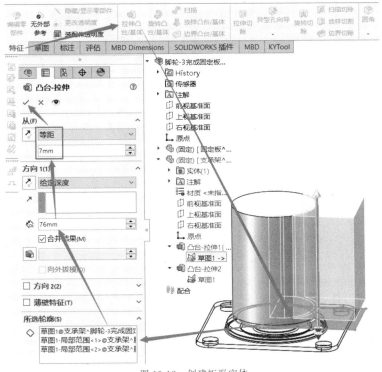

图 15-12 创建矩形实体

依次单击【特征】→【拉伸切除】按钮,选择右视基准面作为草绘平面,绘制轮廓草图后再创建出如图 15-13 所示的拉伸切除特征。

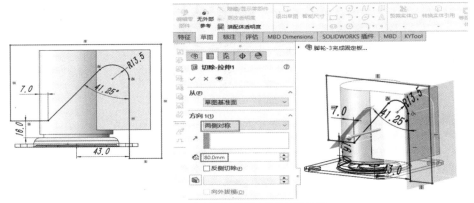

图 15-13 绘制草图并创建拉伸切除特征

使用【圆角】工具,在实体中创建半径为 3 mm 的圆角特征,如图 15-14 所示。

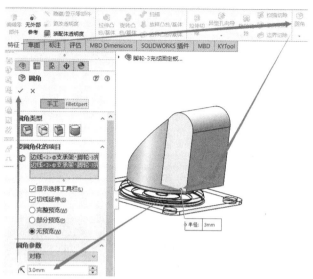

图 15-14　创建圆角特征

使用【抽壳】工具,选择图 15-15 所示的面来创建厚度为 3 mm 的抽壳特征。

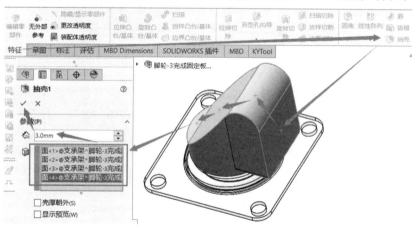

图 15-15　创建抽壳特征

创建抽壳特征后,即完成了支承架零部件的创建,如图 15-16 所示。

图 15-16　支承架

使用【拉伸切除】命令,在上视基准面上创建出支承架的孔,如图 15-17 所示。

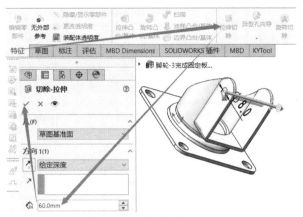

图 15-17　创建支承架上的孔

完成支承架零部件的创建后,单击【编辑零部件】按钮,退出零部件设计环境。

15.3　创建塑胶轮、轮轴及螺母零部件

15.3.1　创建塑胶轮

在装配环境下插入新零部件并重命名为"塑胶轮"。

编辑"塑胶轮"零部件进入装配设计环境。使用【点】工具,在支承架的孔中心创建一个点,作为参考点,如图 15-18 所示。

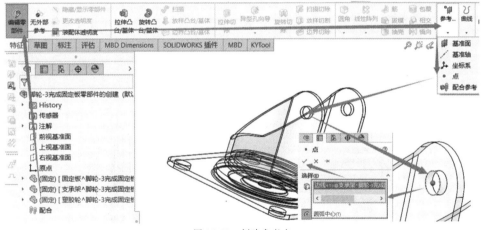

图 15-18　创建参考点

使用【基准面】工具,系统自动选择点作为第一参考,重合约束关系;选择上视基准面作为第二参考,创建新基准面,如图 15-19 所示。

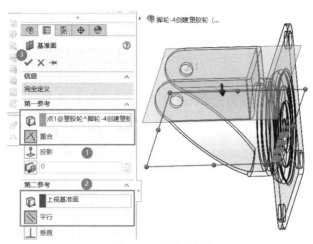

图 15-19　创建基准面

专家提示：也可以单击选择"上视基准面"作为第一参考，点作为第二参考；只是在选择第二参考时，参考点是看不见的，需要展开图形区中的特征管理器设计树，然后再选择参考点。基准面创建成功后，会显示"完全定义"。

专家提示：依次单击【特征】→【参考几何体】→【基准面】，创建的才是二维草图基准面；不要用单击【草图基准面】，因为其含义是"插入基准面到 3D 草图。"。

依次单击【草图】→【绘制草图】按钮，系统自动选择新建的参考基准面作为草绘平面，如图 15-20 所示，单击"点"使其在工作区出现，依次单击【直线】→【中心线】按钮，通过【点】绘制一条中心线。

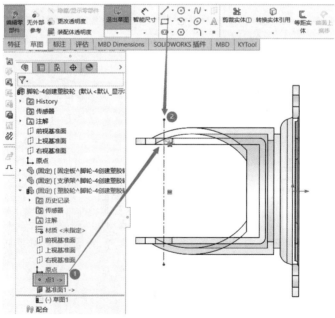

图 15-20　绘制中心线

绘制如图 15-21 所示的草图后，单击【旋转凸台/基体】按钮，完成旋转实体的创建。

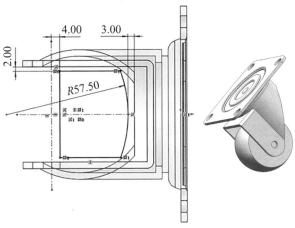

图 15-21　创建塑胶轮实体

单击【圆角】按钮，给塑胶轮外侧倒 2 mm 的圆角；单击【编辑零部件】按钮，完成对零部件的编辑。至此已经创建好了塑胶轮零部件，如图 15-22 所示。

图 15-22　创建塑胶轮后的脚轮

15.3.2　创建轮轴 //

在装配环境下插入新零部件并重命名为"轮轴"。

编辑"轮轴"零部件并进入零部件设计环境中。选择"塑胶轮"零部件中的参考基准面作为草绘平面，绘制如图 15-23 所示的轮轴草图。单击【旋转凸台/基体】按钮，创建轮轴旋转实体。单击【编辑零部件】按钮，退出零部件设计环境。

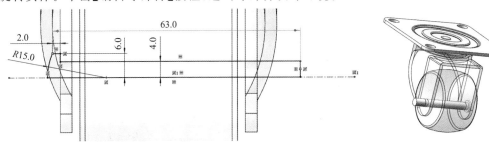

图 15-23　创建轮轴旋转实体

15.3.3　创建螺母 //

在装配环境下插入新零部件并重命名为"螺母"。

选择支承架侧面作为草绘平面，绘制如图 15-24 所示草图。

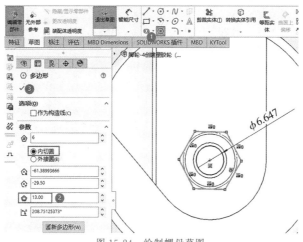

图 15-24　绘制螺母草图

单击【拉伸凸台/基体】按钮，创建出深度为 7.900 mm 的拉伸实体，如图 15-25 所示。

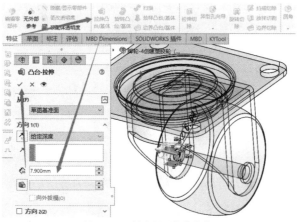

图 15-25　创建螺母拉伸实体

专家提示：螺母是标准件，相关数据已经标准化，因此上述数据均来自机械设计手册，不可随意捏造；也可以采用 Toolbox 插入标准件，这个将在后面的实例中介绍。

选择"螺母"零部件中的参考基准面作为草绘平面，进入草图模式后绘制如图 15-26 所示的草图；依次单击【特征】→【旋转切除】按钮，创建旋转切除特征。

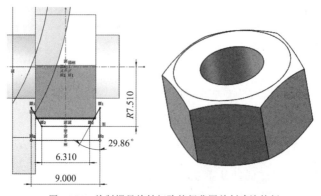

图 15-26　绘制螺母旋转切除特征草图并创建该特征

依次单击【插入】→【注解】→【装饰螺纹线】按钮,启动装饰螺纹线命令,如图 15-27 所示。

图 15-27　启动装饰螺纹线命令

依次选择产生螺纹的【边线】,设置其为"GB""机械螺纹""M8"等参数后,单击【确定】按钮,如图 15-28 所示

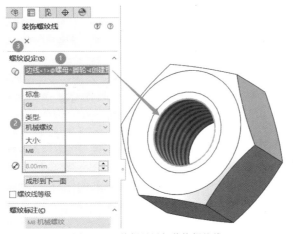

图 15-28　给螺母添加装饰螺纹线

单击【编辑零部件】按钮,退出零部件设计环境。

至此,脚轮装配体中的所有零部件已全部设计完成,最终模型如图 15-29 所示。最后将装配体文件以"脚轮"为名保存在文件夹中。

图 15-29　脚轮最终模型

实例 16

认识工程图设计

本例介绍工程图的基本术语、创建步骤、GB模板的创建与使用等。重点掌握工程图的创建步骤和GB模板的创建与使用。

16.1 工程图的基本术语

工程图是三维设计的最后阶段,是产品设计思想交流方式和产品制造的依据。

16.1.1 工程图

16.1.1.1 工程图的含义

工程图就是工程上将物体按一定的投影方法和技术规定表达在图样上,用以表达机件的结构形状、大小及制造、检验中所必需的技术要求的图样。它是表达设计意图、确定制造依据,交流经验的技术文件。

16.1.1.2 工程图包含的内容

工程图包含两个相对独立的部分:图纸格式和图纸内容。

1.图纸格式

图纸格式是图纸中内容相对固定的部分,如图纸幅面、标题栏、明细栏等,一般均按照国家标准要求做成模板以方便重复使用。

2.图纸内容

图纸内容是表达机械结构形状的图形及说明,包括视图和注释等。

"视图"是物体按正投影法在投影面上的投影;"注释"是补充说明用的文字和符号。

16.1.1.3 工程图的种类

工程图按照表达的对象不同,可分为两种形式:零件图和装配图。

1.零件图

零件图是零件制造、检验和制定工艺规程的基本技术文件。它包括制造和检验零件所需要的全部内容,例如,图形、尺寸及其公差、表面粗糙度、几何公差、对材料及热处理的说明,以及其他技术要求、标题栏等。

2.装配图

装配图是一种表达机器或部件装配、检验、安装、维修服务的重要技术文件。它包括组装零件所需要的全部内容,例如,各零件的主要结构形状、装配关系、总体尺寸、规格尺寸、技术要求、零件编号、标题栏和明细栏等。

16.1.2 SolidWorks 工程图模板 //

工程图模板是 SolidWorks 软件中由图纸格式和图纸选项构成的工程图属性总体控制环境。

16.1.2.1 图纸格式

图纸格式是标题栏、图幅和图框等统一样式的编辑环境。图纸格式的扩展名为 * . SLDDRT,默认保存位置为 SolidWorks 安装目录\data\。

16.1.2.2 图纸选项

图纸选项包括字体大小、箭头形式、背景颜色等与国家绘图标准有关的选项。SolidWorks 软件通过依次单击【选项】→【系统选项】→【文件属性】或依次单击菜单栏中【工具】→【选项】→【系统选项/文件属性】的相关参数设置,对图纸进行全局控制,从而使图纸更符合 GB 要求。

16.2 ▲ 工程图的创建步骤

在 SolidWorks 软件中创建工程图的步骤如下。

16.2.1 选模板 //

选用设置好图纸格式和图纸属性的,符合我国制图标准的模板,否则绘制的图纸会不符合国家的制图标准。

16.2.2 投视图 //

生成标准工程视图和派生工程视图,并合理布置各视图的位置和比例。

16.2.3 标尺寸 //

标注定形、定位尺寸及其公差。

16.2.4 填注解 //

填写表面粗糙度、几何公差、技术要求、标题栏信息等注解内容。

16.2.5 出图纸 //

打包保存、另存为 PDF 格式或打印输出图纸。

16.3 ▲ GB 模板的创建与使用

在 SolidWorks 软件等三维 CAD 软件中,提供了一些工程图模板,但是有些地方仍然不符合我国现行的制图标准,因此,有必要学会如何创建符合国家制图标准的制图模板,下面将详细介绍 GB 模板的创建与使用。

16.3.1 创建符合国家标准规范的图纸格式

16.3.1.1 打开自带的模板

单击【新建】按钮,任意选择一个软件自带的模板,如【gb_a3】,单击【确定】按钮,如图 16-1 所示。

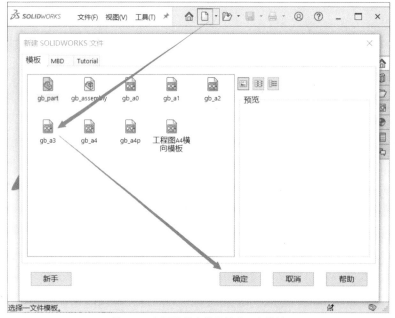

图 16-1 打开软件自带的任意一个模板

16.3.1.2 启动【编辑图纸格式】命令

单击"关闭"按钮。在模板上右击,选择【编辑图纸格式】命令,如图 16-2 所示。

图 16-2 启动【编辑图纸格式】命令

16.3.1.3 删除图形并启动【编辑图纸】命令

按住【Ctrl＋A】组合键选择整个图形,然后右击,选择【删除】命令,删除整个图形;右击,选择【编辑图纸】命令,如图 16-3 所示。

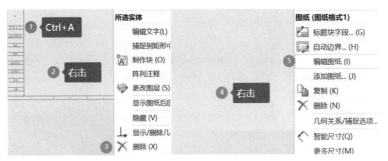

图 16-3　删除图形并启动【编辑图纸】命令

16.3.1.4　启动【属性】命令

选择图纸 1，右击，选择【属性】命令，如图 16-4 所示。

图 16-4　启动【属性】命令

16.3.1.5　自定义图幅：本例为 A4 幅面

选中【自定义图纸大小】单选按钮，输入【宽度】为"297"，【高度】为"210"，单击【应用更改】按钮，如图 16-5 所示。

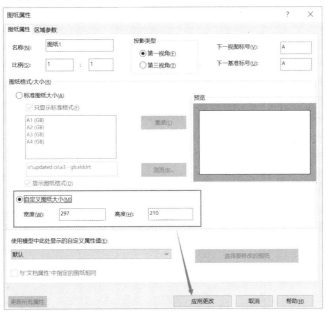

图 16-5　自定义 A4 幅面

16.3.1.6 绘制图纸边框

1.格式编辑

右击图纸空白处,在弹出的快捷菜单中选择【编辑图纸格式】命令,切换到图纸格式编辑状态。

2.绘制图幅线和图框线

选择草图矩形框命令,绘制两个矩形分别代表图纸的图幅线和图框线,如图 16-6 所示。

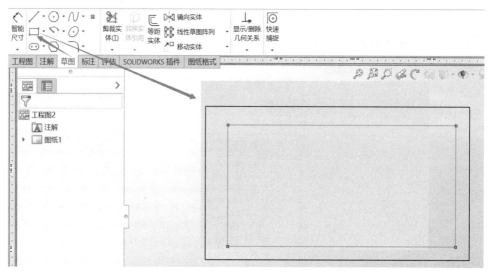

图 16-6 绘制图幅线和图框线

3.约束定位

通过几何关系和尺寸确定两个矩形的大小和位置。选择外侧矩形的左下角点,在【点】属性管理器的【控制顶点参数】选项组中确定该点的坐标点位置($X=0,Y=0$),并单击【固定】按钮,最后单击【完成】按钮,如图 16-7 所示。

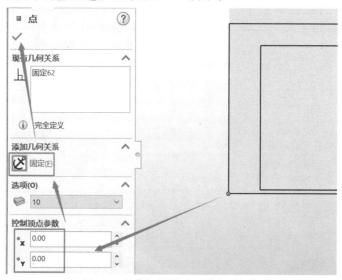

图 16-7 约束定位图幅矩形的左下角点

按住【Ctrl】键,选择外侧矩形的左边线和下边线,在属性管理器中单击【固定】为两边线建立【固定】几何关系,如图16-8所示,在标注尺寸时以这两个边定位。

按照制图国家标准所要求的横放,在制图标准中可以查出:$B=210$,$L=297$,$a=25$,$c=5$。将上述数据标注在两个矩形上,如图16-9所示。

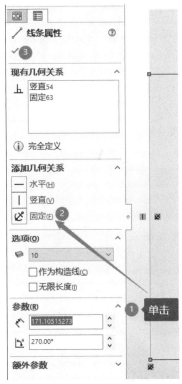

图 16-8　使外侧矩形的左边线固定

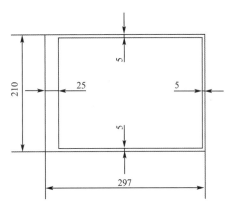

图 16-9　标注 B(210)和 L(297)

4.设置线型

依次单击【视图】→【工具栏】→【线型】命令,打开【线型】工具栏,如图16-10所示,【线型】工具栏将显示在绘图区的左下角。

图 16-10　打开【线型】工具栏

按住【Ctrl】键,选择内侧代表图框的矩形,单击【线型】工具栏中的【线宽】按钮,定义4条直线的线宽为"0.5",如图16-11所示。重复上述步骤,定义外侧代表图幅线的4条直线的线宽为"0.25"。

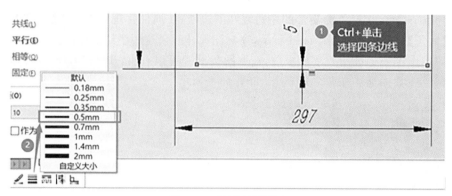

图 16-11　设置图框的线宽

专家提示：图形缩小到一定程度后，将显示不了线宽的区别。

5.隐藏尺寸

依次单击【视图】→【隐藏/显示】→【注解】命令，如图 16-12 所示，单击绘图区，光标变成"眼睛"样式，依次单击"B、L、a、c"等尺寸，尺寸变成浅灰色，选择完成后，右击，在弹出的菜单中选取【选择】选项结束命令，使其隐藏。

专家提示：选中尺寸，右键，选择【隐藏】选项，也可以隐藏尺寸。

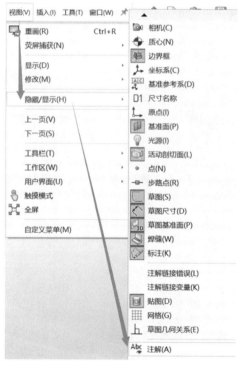

图 16-12　打开【注解】命令

专家提示：如果想使隐藏的尺寸显示出来，则需要再次选择【视图】→【隐藏/显示】→【注解】命令，隐藏的尺寸会以浅灰色显示；单击绘图区，光标变成"眼睛"样式，依次单击浅灰色的尺寸，被单击的尺寸将正常的显示，选择完成后，右击，在弹出的菜单中选取【选择】选项，以结束命令。

16.3.1.7 创建标题栏

1. 复制、粘贴现有的标题栏

首先,使用系统自带的模板新建一个工程图文件;然后,选择【编辑图纸格式】选项,框选全部选中标题栏后,按下【Ctrl+C】组合键;点开模板创建文件,在图框线右下角附近,按下【Ctrl+V】组合键,将其复制。由于两个文件之间不能选择参考点来进行复制,因此,此时的标题栏位置不是正好处在右下角。

2. 移动标题栏到右下角

再次框选全部选中标题栏,然后单击【移动实体】按钮,如图 16-13 所示。

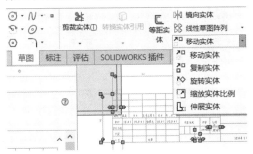

图 16-13　启动【移动实体】命令

单击标题栏的右下角,系统弹出【移动】对话框,并显示【起点】是【从所定义的点】,按住左键,将该点移动到目标位置(右下角),单击【确定】按钮,如图 16-14 所示。

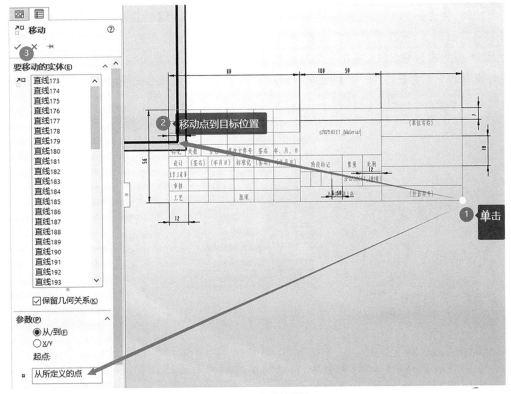

图 16-14　移动标题栏

专家提示：使用【复制实体】命令也可以选择【点】，后面的操作情况与【移动实体】命令一样。两者的区别是，【移动实体】命令是把标题栏移动到了新的位置，不会产生新的标题栏；而【复制实体】命令是在目标位置产生了一个新的标题栏，还需要去删除原来的标题栏。

正确复制过来的标题栏，如图 16-15 所示。

									(单位名称)
						(材料标记)			
标记	处数	分区	更改文件号	签名	年、月、日				(图样名称)
设计	(签名)	(年月日)	标准化	(签名)	(年月日)	阶段标记	质量	比例	
审核									(图样代号)
工艺			批准			共 张 第 张			(投影符号)

图 16-15　复制好的标题栏

16.3.1.8　填写标题栏

1.填写一般注释

一般注释是工程图中固定不变的文字，如标题栏中的"设计"等。具体步骤为：单击【注解】工具栏中的【注释】按钮，如图 16-16 所示。

在标题栏规定输入【单位名称】的空格中输入"(单位名称)"，并单击【确定】按钮，确认这条注释；将光标移动至注释"(单位名称)"附近，右击选择【捕捉到矩形中心】选项，如图 16-17(a)所示，依次按顺时针或者逆时针方向选择需要对齐的方格的四条边线，注释会上、下、左、右自动居中，并在左侧自动弹出【特性管理器】，首先检查【文字格式】下的文字对齐方式是否是【上下居中】和【左右居中】，然后为了防止文字跑偏，可以单击【锁定】按钮将其位置锁定，如图 16-17(b)所示。以此类推。

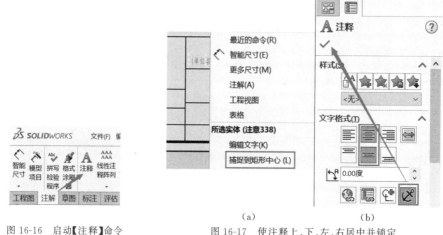

(a)　　　　　　(b)

图 16-16　启动【注释】命令　　　图 16-17　使注释上、下、左、右居中并锁定

专家提示 1：启动【注释】命令后，在往绘图区域拖动的过程中，不要触碰绘图区域内其他任何图元，否则会变成带引线的注解形式。

专家提示 2：虽然文字编辑条工具栏中有类似于 office 的对齐方式，但这个功能并不能让我们把文字放在表格的正中,这是因为,在SolidWorks中,注释是以块的形式存在的,块在整个绘图区域占的大小并不是某几个字符占用的区域大小。

专家提示3:在SolidWorks软件中,并没有"宽度系数"这个概念,当注释文字太多溢出框格时,可以通过【套合文字】功能任意调整字符的宽度,但并不能精确调整。有了这个功能,只要指定注释块的区域大小,再长的文字也不会溢出绘图区域。注意:必须先进行【套合文字】,再【锁定】文字;即文字如果【锁定】,将不能使用【套合文字】。

使用方法如下:单击【注释】选项卡中【主管工程师】,单击【套合文字】,鼠标控制左、右两侧的任意一个红色的点,就可以使文字变宽或变窄,调整到合适的宽度后,单击【确定】按钮,如图16-18所示。

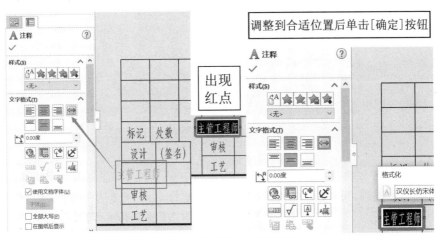

图16-18 使用【套合文字】功能

2.添加链接属性的注释

(1)链接比例等图纸属性。右击标题栏"比例"的下面一栏,在弹出的快捷菜单中依次选择【注解】→【注释】命令,如图16-19(a)所示;弹出【注释】选项卡,单击【链接到属性】按钮,如图16-19(b)所示。

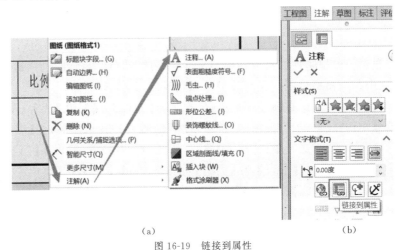

(a)   (b)

图16-19 链接到属性

弹出【链接到属性】对话框,单击【属性名称】下拉列表框选择【SW-图纸比例(Sheet

Scale)】,单击【确定】按钮,如图 16-20 所示。

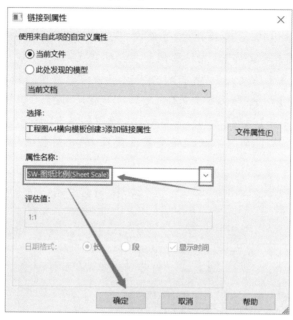

图 16-20　链接内容选择

此时鼠标带有比例"1:1",将"1:1"放入框格并使其居中,注释显示图纸的比例,如图 16-21 所示。同理,可在【图样名称】中链接"工程图名":双击选中"(图样名称)"注释,并删除"(图样名称)",在弹出的【注释】选项卡中,单击【链接到属性】按钮;再在弹出的【链接到属性】对话框中,单击【属性名称】下拉列表框选择【SW-文件名称(File Name)】,单击【确定】按钮。

图 16-21　链接后的图纸比例

(2)链接质量等模型属性。可以在模型文件中添加"质量"等属性,利用链接方式将其链接到标题栏中。当模型材质变化时质量也相应改变,具体步骤如下。

①添加模型质量属性。在模型环境中,依次选择【文件】→【属性】命令;在弹出的【摘要信息】对话框中选择【自定义】选项卡,再单击【编辑清单】按钮,然后,在【编辑自定义属性清单】对话框中输入"质量",单击【确定】按钮,如图 16-22(a)所示;再在【摘要信息】对话框的【属性名称】列表中选择【质量】,在【类型】列表中选择【文字】,在【数值/文字表达】列表中选择【质量】,单击【确定】按钮,如图 16-22(b)所示。

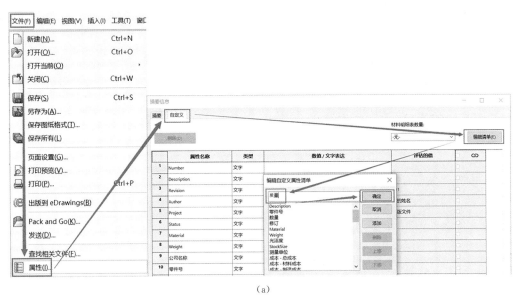

(a)

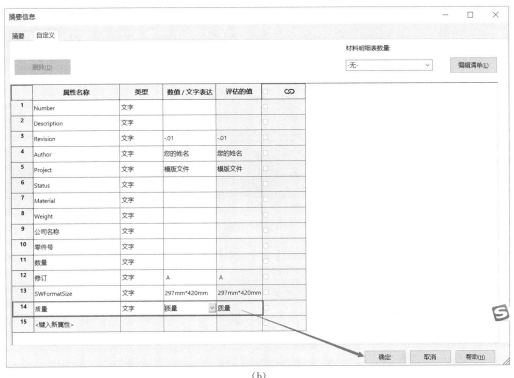

(b)

图 16-22　添加模型质量属性

②链接模型质量属性。

在工程图环境中的编辑图纸格式下,在标题栏的"质量"下面一栏右击,在弹出的菜单中依次选择【注解】→【注释】命令,单击【链接到属性】按钮,在弹出的【链接到属性】对话框中,选中【此处发现的模型】单选按钮,在【属性名称】下拉列表框中选择"质量",单击【确定】按钮,如图 16-23 所示。同理可以链接模型的材质、文件名称等属性。

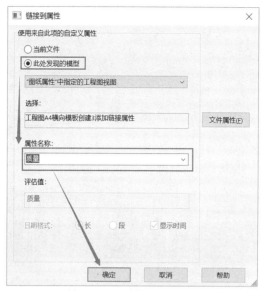

图 16-23　链接模型重量属性

链接好部分属性的标题栏如图 16-24 所示。

图 16-24　链接好部分属性的标题栏

16.3.1.9　图纸格式的保存与使用

在图纸的空白区域右击,从弹出的快捷菜单中选择【编辑图纸】命令,返回图纸编辑状态;并双击鼠标中键以放大全图。

1.保存图纸格式

依次选择【文件】→【保存图纸格式】命令,文件名保存为"A4-GB 横向.slddrt",如图 16-25 所示。

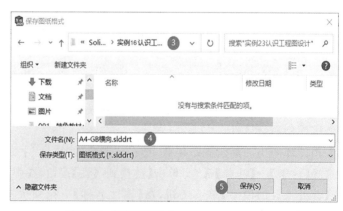

图 16-25　保存图纸格式

2.使用图纸格式

在工程图设计树中,右击【图纸格式】选项,在弹出的快捷菜单中选择【属性】命令,在【图纸属性】对话框的【图纸格式】中单击【浏览】选项,弹出【打开】对话框,在对话框中找到保存图纸格式的文件夹"实例16",选择"A4-GB 横向.slddrt"图纸格式文件,单击【打开】按钮,返回【图纸属性】对话框,再单击【应用更改】按钮以关闭【图纸属性】对话框,如图 16-26 所示;稍等一会,系统就会加载好图纸格式。

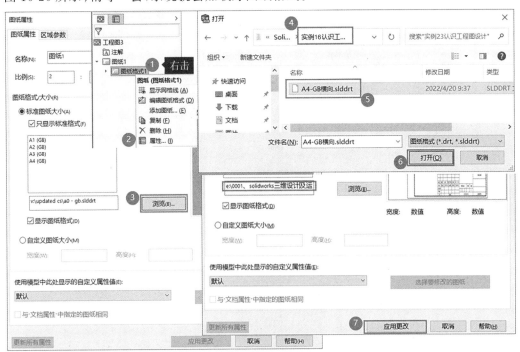

图 16-26　使用图纸格式

16.3.2　设定符合国家标准规范的图纸选项 ////////////////////////////////

16.3.2.1　SolidWorks 图纸选项

单击【选项】,或者选择【工具】菜单下的【选项】,都会弹出【系统选项】对话框,单击【文档属性】选项卡,如图 16-27 所示。

图 16-27 中的【系统选项】对话框是让用户根据自己的需要定义 SolidWorks 的功能;它分为【系统选项】和【文档属性】两个选项卡,其中,【系统选项】选项卡的设置保存在注册表中,其设置的改变会影响当前和将来的所有文件。【文档属性】选项卡的设置保存在当前文档中,仅在该文件打开时可用。图纸选项的设置内容主要是在【文档属性】中更改。操作步骤如下。

设定符合国家标准规范的图纸选项

1.进入文档属性选项卡

单击【文档属性】选项后,就进入【文档属性】选项卡。

2.绘图标准

默认【总绘图标准】为【GB】,如图 16-28 所示。

图 16-27　选择文档属性选项卡

图 16-28　"总绘图标准"为"GB"

3.注解

如图 16-29 所示,单击【注解】按钮,单击【字体】选项,在【选择字体】对话框中选择【字体】为【汉仪长仿宋体】,【字体样式】为【常规】,【高度】设置为"3.50 mm",单击【确定】按钮完成注解字体的设置。

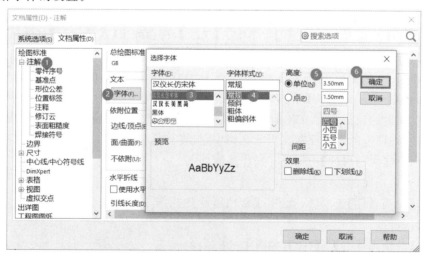

图 16-29　设置注解字体

专家提示：制图国家标准中对图纸上的字体做了具体的规定：图纸上的字体必须工整、笔画清楚、间隔均匀、排列整齐。汉字应使用直体长仿宋体。尺寸标注数字和字母的字体应使用国标规定的直体或斜体；斜体字的字头向右倾斜，与水平基准线成75°。一般文字的高度小于或等于5 mm，标题类文字高度小于或等于7 mm；对于A0、A1高度为5 mm（5号字），A2、A3、A4高度为3.5 mm（3.5号字），见表16-1。

表16-1　　　　　　　　　　CAD制图中字体与图幅的关系　　　　　　　　　　mm

字体高度	图幅				
	A0	A1	A2	A3	A4
汉字	5			3.5	
字母与数字					

专家提示：在【注解】中包含有零件序号、基准点、几何公差（旧称形位公差）、表面粗糙度等，此处设置好"长仿宋字"字体后，其包含的项目均为"长仿宋字"字体。下面以"零件序号"为例查看字体是否正确。

如图16-30所示，单击【注解】里面的【零件序号】选项，在【文本】下单击【字体】按钮（其后的字体已经显示为【汉仪长仿宋体】），弹出的【选择字体】对话框中【字体】【字体样式】【高度】的字体均和【注解】里面的设置保持一致，单击【确定】按钮返回【文档属性】选项卡。

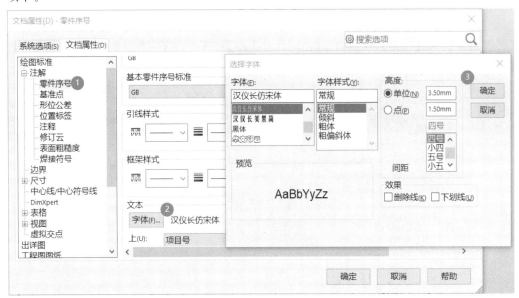

图16-30　查看"零件序号"字体设置

专家提示：在查看或后续使用过程中，如果发现字体、字体样式或者高度不符合国家标准的，可以参照上述操作进行设置。

4.尺寸及其公差字体设置

依次单击【尺寸】→【字体】，在【选择字体】对话框中选择【字体】为【汉仪长仿宋体】，【字体样式】选择【常规】，【高度】设为"3.500 mm"，单击【确定】按钮，如图16-31所示。

107

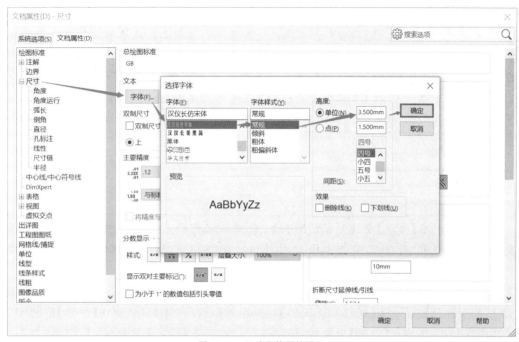

图 16-31 尺寸字体属性设置

专家提示：这里的【字体样式】设置为【倾斜】也可以。

将【尺寸】选项卡右侧的滚动条拉到底部，单击【公差】按钮，在【尺寸公差】对话框中【公差类型】选择【双边】，取消勾选【使用尺寸大小】复选框，将【字体比例】设为"0.7"，单击【确定】按钮，如图 16-32 所示。

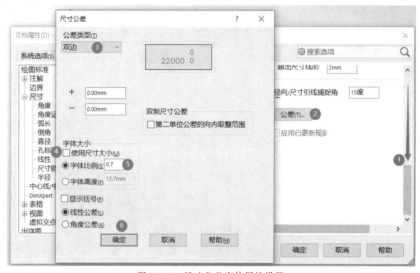

图 16-32 尺寸公差字体属性设置

专家提示：极限偏差的字号比公称尺寸的字号要小一号，则极限偏差的高度就是公称尺寸的 0.7。

另外，还可以设定尺寸线、延伸线参数、尺寸排列参数、尺寸线箭头形式等。

【角度】要设置成【折断引线，水平文字】，如图 16-33 所示。

图16-33 角度尺寸要保证文字水平书写

5. 表格中的字体设置

按照图16-34所示,设置好表格中的字体。设置好后,其所包含的【折弯】【材料明细表】【普通】【孔】【冲孔】【修订】【焊接】中的字体均会与之保持一致。

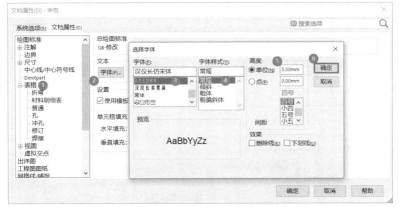

图16-34 表格中的字体设置

6. 视图中的字体设置

按照图16-35所示,设置好视图中的字体。设置好后,其所包含的【辅助视图】【局部视图】【剖面视图】【正交图形】【其他】中的字体均会与之保持一致。

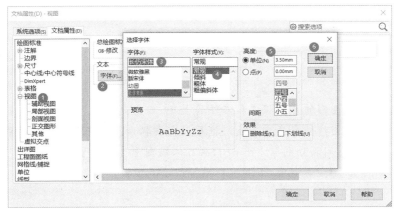

图16-35 视图中的字体设置

7. 出详图中【中心符号】和【中心线】的显示设置

单击【出详图】选项,勾选【中心符号-孔-零件】和【中心线】复选框,如图 16-36 所示。

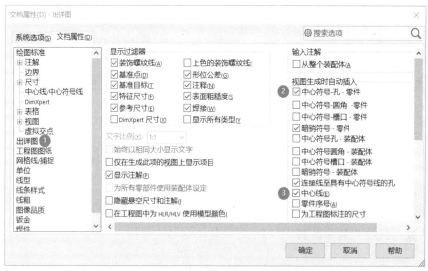

图 16-36　出详图中【中心符号】和【中心线】的显示设置

8. 线型设置

单击【线型】选项,将【可见边线】的【样式】设为【实线】,【线粗】选择【0.5 mm】,如图 16-37 所示。

图 16-37　设置可见边线的线型

专家提示:依据图形的复杂程度和零件的大小,以达到线条清晰为要求来选取图线。在同一图样中,同类图线的宽度应一致。推荐粗实线取 0.5 mm,细线取粗实线的 1/2,中心线和虚线的短画与间隔分别取 1 mm,长画可依据图形选择恰当的长度。

至此,【文档属性】设置完成,下面进行系统选项的设置。

9. 相切边线隐藏设置

单击【系统选项】选项卡,选择【显示类型】,在【相切边线】选项组中选中【移除】单选按钮,单击【确定】按钮,则之后生成的视图中的相切边线不可见,如图 16-38 所示。

图 16-38　设置相切边线不可见

10. 设置图纸背景颜色

在【系统选项】选项卡中选择【颜色】,在【颜色方案设置】下拉列表框中选择【工程图,纸张颜色】,单击【编辑】按钮,选择所需要的颜色,如"白色",单击两次【确定】按钮,如图 16-39 所示。

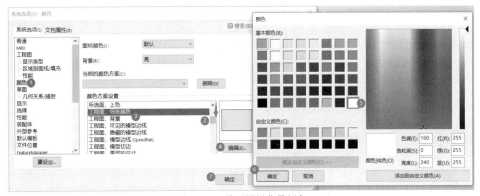

图 16-39　设置图纸背景颜色

至此,【选项】中的相关设置已经全部完成。

专家提示:在【选项】中的设置是一气呵成的,所以只在最后单击了【系统选项】对话框的【确定】按钮。

16.3.2.2　设置图纸属性

1. 设置图纸比例

如图 16-40 所示,在工程图的设计树中,右击【图纸 1】,在弹出的快捷菜单中选择【属性】,在【图纸属性】对话框中,将图纸比例设为 1:1,单击【应用更改】按钮。

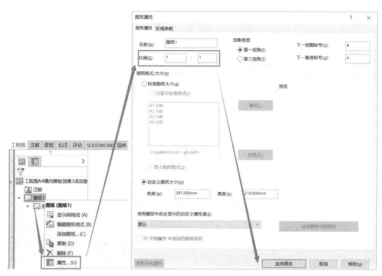

图 16-40 图纸属性对话框

专家提示：1:1 是最常用的比例，如果不是 1:1 的比例，就需要更改。

2.设置图纸的其他属性

生成一个新的工程图时，必须设置图纸属性，包括图纸名称、绘图比例、投影类型、图纸格式、图纸大小等。图纸属性设置后，在绘制工程图的过程中，可随时对图纸大小、图纸格式、绘图比例、投影类型等属性进行修改。

图纸的属性设置如图 16-41 所示。在特征管理器设计树中，右击【图纸 1】，或在工程图纸的空白区域右击，在弹出的快捷菜单中选择【属性】，弹出【图纸属性】对话框。

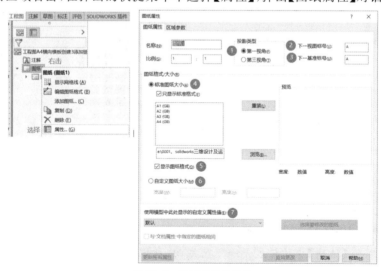

图 16-41 图纸的属性设置

【图纸属性】对话框中各选项说明如下：

(1)【投影类型】：视图投影可选择【第一视角】和【第三视角】，国家标准采用第一视角投影。

（2）【下一视图标号】：指定用作下一个剖视图或局部视图的英文字母。

（3）【下一基准标号】：指定用作下一个基准特征标号的英文字母。

（4）【标准图纸大小】：SolidWorks提供了各种标准图纸大小的图纸格式。可在【标准图纸大小】列表框中进行选择。单击【浏览】按钮，可加载自定义的图纸格式。

（5）【显示图纸格式】：勾选此复选框则显示边框、标题栏等。

（6）【自定义图纸大小】：选中【自定义图纸大小】单选按钮，可定义无图纸格式，即选择无边框、标题栏的空白图纸。此选项要求指定纸张大小，也可以自定义图纸格式。

（7）【使用模型中此处显示的自定义属性值】：如果在图纸上显示了一个以上的模型，且工程图中包含链接到模型自定义属性的注释，则选择希望使用的属性所在的模型视图；如果没有另外指定，则将使用图纸第一个视图中的模型属性。

16.3.3　保存工程图模板 ///

完成上述图纸格式和图纸选项设置后，即可将其保存为模板文件，以便重复利用。步骤如下：

依次单击【文件】→【另存为】命令，在【保存类型】下拉列表中选择【工程图模板（*.drwdot）】，在文件名中输入"工程图A4横向模板"，单击【保存】按钮，文件自动保存到了"C：\ ProgramData \ SOLIDWORKS \ SOLIDWORKS2020 \ templates"文件夹下，如图16-42所示。

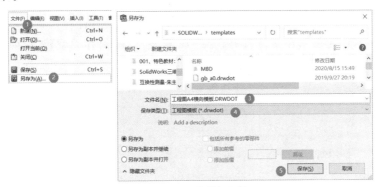

图16-42　保存模板文件

单击【新建】按钮，在弹出的【模板】对话框里可以看见该文件，如图16-43所示。

图16-43　模板下新增了【工程图A4横向模板】

113

16.3.4　工程图模板管理与使用 //

16.3.4.1　SolidWorks 模板文件修改

一般情况下,制作工程图模板是在原有模板的基础上进行必要的修改后,保存下来即可使用。SolidWorks 模板除了工程图模板外,还包括零件模板和装配模板,其文件类型分别为 *.prtdot、*.asmdot 和 *.drwdot。

1.打开模板文件

单击【新建】按钮,在弹出的【模板】对话框里单击【工程图 A4 横向模板】模板文件,如图 16-43 所示,单击【确定】按钮。

2.关闭模型视图

单击【模型视图】下的【关闭】按钮,或者单击右上角的【关闭】按钮,如图 16-44 所示。

图 16-44　关闭模型视图

3.保存"A4 横放"工程图模板

单击【文件】→【另存为】命令,弹出【另存为】对话框,设置保存位置为"实例 16"文件夹中的"GB 工程图模板",在文件名中输入"A4 横放",在【保存类型】下拉列表中选择【工程图模板(*.drwdot)】,单击【保存】按钮,如图 16-45 所示。

图 16-45　保存"A4 横放"工程图模板

4.修改成"A4 竖放"工程图模板

(1)进入【编辑图纸格式】模式

在"A4 横放"模板的工作区域右击,在弹出的快捷菜单中选择【编辑图纸格式】选项。

(2)对调 297 和 210

依次单击【视图】→【隐藏/显示】→【注解】选项,分别单击相关尺寸,让图幅和图框的尺寸显示出来。分别双击 297 和 210,将 297 和 210 对调,如图 16-46 所示。

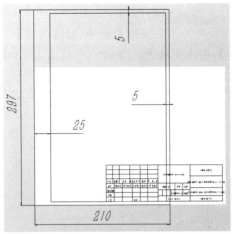

图 16-46 对调 297 和 210 后

再次单击【视图】→【隐藏/显示】→【注解】选项,分别单击相关尺寸,让图幅和图框的尺寸隐藏起来。

(3)移动标题栏

框选工具栏,依次单击【草图】→【移动实体】,单击标题栏的右下角,并拖动到图框的右下角,单击【确定】按钮,结果如图 16-47 所示。

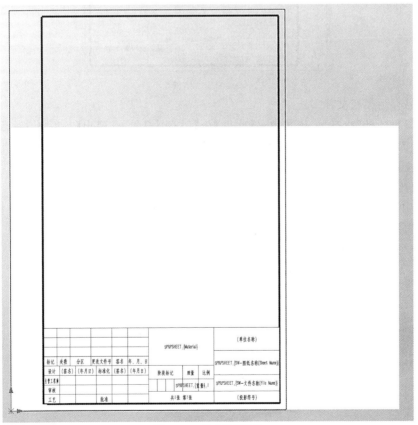

图 16-47 移动标题栏后

（4）自定义图纸大小

在【图纸 1】选项处右击，在弹出的快捷菜单中选择【属性】选项；在【图纸属性】对话框中，单击【自定义图纸大小】，输入宽度为 210 mm，高度为 297 mm，单击【应用更改】按钮，改后的结果如图 16-48 所示。

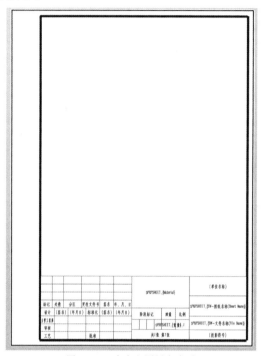

图 16-48　自定义图纸大小后

（5）另存为模板文件

在【编辑图纸】状态下，依次单击【文件】→【另存为】命令，弹出【另存为】对话框，设置保存位置为"实例 16"文件夹中的"GB 工程图模板"，在文件名中输入"A4 竖放"，在【保存类型】下拉列表中选择【工程图模板（ * . drwdot）】，单击【保存】按钮。

5. 修改成其他工程图模板

参照上述修改成"A4 竖放"工程图模板的步骤和方法，按照图 16-49 和表 16-2 所规定的数据，逐一修改成符合国标要求的工程图模板。

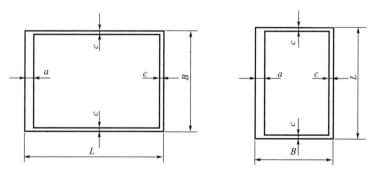

图 16-49　图纸幅面

表 16-2   图纸幅面及图框格式尺寸   mm

幅面代号	A0	A1	A2	A3	A4
$B \times L$	841×1 189	594×841	420×594	297×420	210×297
a	25				
c	10			5	

专家提示：图纸幅面指的是图纸宽度与长度组成的图面。绘制技术图样时应优先采用图 16-49 和表 16-2 所规定的基本幅面，必要时也允许加长幅面。

专家提示：A0 和 A1 图纸还要根据表 16-1 将字高从 3.5 修改为 5.0。修改后，标题栏内的字体会随着变大而超出框格，需要使用【套合文字】功能，如果文字被固定，还需要先取消，再固定。

建好的 GB 工程图模板如图 16-50 所示。

实例23认识工程图设计 > GB工程图模板

名称

A4竖放.DRWDOT
A4横放.DRWDOT
A3横放.DRWDOT
A2横放.DRWDOT
A1横放.DRWDOT
A0横放.DRWDOT

图 16-50　建好的 GB 工程图模板

16.3.4.2　SolidWorks 模板文件位置设置

模板的默认保存位置为 SolidWorks 安装目录下"\data\templates"。也可以根据需要添加用户自己创建的模板文件的存储位置。

添加文件位置的步骤：单击【选项】按钮，在【系统选项】选项卡中，选择【文件位置】选项组中的【文件模板】，单击【添加】按钮，选中"实例 16"文件夹中的【GB 工程图模板】，单击【选择文件夹】按钮，单击【确定】按钮，如图 16-51 所示。

图 16-51　模板文件位置设置

弹出【提示】对话框，如图 16-52 所示，单击【是】按钮，将该文件夹复制到"C：\
SolidWorksdata"中。

图 16-52　更改路径

单击【新建】按钮，在【新建 SOLIDWORKS 文件】对话框中，增加了【GB 工程图模板】
这个选项，如图 16-53 所示。

图 16-53　增加了【GB 工程图模板】选项

16.3.4.3　使用工程图模板

依次选择【文件】→【新建】→【高级】命令，选中【GB 工程图模板】中的相应模板，例如
【A2 横放】，单击【确定】按钮，则以该模板生成工程图。

实例 17

视图的建立及注解的添加

SolidWorks 的工程图主要由三部分组成。

（1）视图：用于表达模型结构形状。它包括基本视图（主视图、俯视图、左视图、右视图、仰视图）、轴测图和各种派生视图（剖视图、局部放大图、折断视图等），在绘制工程图时，要根据不同零件的特点，选择不同的视图组合，以便简洁合理地将设计参数和生产要求表达清楚。

（2）尺寸、公差、表面粗糙度及注释文本：以数字、文字、符号等补充说明的注解。它包括尺寸、尺寸公差、几何公差、表面结构要求及注释文本。

（3）图框、标题栏等。

图框和标题栏已经在上一个实例中创建在模板里了，因此本例只关注视图的前两个内容，即视图的建立和注解的添加。本例要重点掌握建立各类视图的操作方法和添加各类注解的操作方法。

17.1 ▲ 建立符合国家标准的视图

创建了零部件或装配体后，就可以在 SolidWorks 工程图环境中，根据需要建立各类表达视图了。

建立符合国家标准的视图-建立标准工程视图

选择【GB 工程图模板】新建一个工程图文件后，接着就可以进行工程图设计了。

建立视图的方法有以下三种：

方法一：从【工程图】选项卡中选择，如图 17-1 所示。

图 17-1　工程图选项卡

方法二：从下拉菜单选择。依次单击【插入】→【工程图视图】命令，弹出【工程图视图】菜单，根据需要选择相应的命令建立工程视图，如图 17-2 所示。

图 17-2 【工程图视图】菜单

方法三:从【工程图】工具栏中选择。【工程图】工具栏可以从下拉菜单【工具】→【自定义】→【工具栏】中勾选。【工程图】工具栏如图 17-3 所示。

图 17-3 【工程图】工具栏

以上三种方法均包含下述几种视图建立工具或命令:【模型视图】或【模型】、【投影视图】、【辅助视图】、【剖面视图】、【移除的剖面】、【局部视图】、【相对视图】、【标准三视图】、【断开的剖视图】、【断裂视图】、【剪裁视图】、【交替位置视图】、【空白视图】、【预定义的视图】、【更新视图】和【替换模型】。

上述视图建立工具,可直接建立绝大部分国家标准规定的视图。主要对应关系如下:

【模型视图】或【模型】:根据现有零件或装配体添加单一视图。可建立主视图。

【投影视图】:通过从现有视图展开新视图来添加投影视图。可以在八个不同的方向上展开投影视图。可建立基本视图(左视图、右视图、俯视图、仰视图)、轴测图、向视图(加注投射方向名称、解除对齐父子关系)。

【辅助视图】:通过在现有视图中的线性实体(边线、草图实体等)展开新视图来添加视图。可建立斜视图。

【剖面视图】:通过使用剖面线切割父视图来添加剖面视图、对齐的剖面视图或半剖面视图。可建立全剖视图、半剖视图、阶梯剖视图、旋转剖视图、斜剖视图。

【移除的剖面】:在选定位置显示模型的切片。

【局部视图】:添加局部视图以显示视图的某部分,通常放大比例。可建立局部放大图。

【相对视图】:添加由两个正交面或基准面及其各自方向所定义的相对视图。

【标准三视图】:可建立主视图、俯视图、左视图等三个标准视图(第一角投影),或者前视图、上视图、右视图等三个标准视图(第三角投影)。

【断开的剖视图】:切除现有视图的一部分以显示模型的内部细节。可建立局部剖视图。

【断裂视图】:向选定视图添加折断线,以便用户能够在较小尺寸的工程图纸上显示较大比例的工程图视图。可表达折断画法。

【剪裁视图】:剪裁现有视图以只显示视图的一部分。可建立局部视图。

【交替位置视图】:添加以幻影字体显示叠加到模型其他配置之上的模型配置视图。交替位置视图指示装配体中的移动范围。

【空白视图】:添加没有模型的视图。您可以将草图、注解、尺寸和区域剖面线添加到空白视图。

【预定义的视图】:添加稍后要以模型填充的空白视图。用户可以预定义视图方向、位置和比例,这对工程图模板很有帮助。

【更新视图】:更新所选视图到当前参考模型的状态。您可以在选项对话框中控制更新行为。

【替换模型】:更改所选视图的参考模型。您可以更改零件和零件、装配体和装配体,以及零件和装配体之间的文件参考。

17.1.1 常用视图的建立 //

SolidWorks 软件中可以创建的视图包括标准工程视图和派生工程视图两种。

17.1.1.1 建立标准工程视图

以零件或装配体模型建立的视图,包括标准三视图、模型视图。

1.建立标准三视图

基于零件或装配体建立其主视图(也叫前视图)、俯视图、左视图。

依次单击【新建】→【GB工程图模板】→【A4 横放】,单击【确定】按钮,如图 17-4 所示。

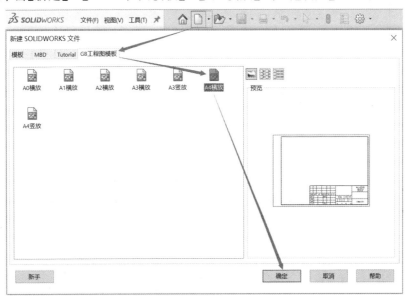

图 17-4 按【A4 横放】模板新建工程图

依次单击【工程图】→【标准三视图】命令,单击【浏览】按钮,选择"实例 17"文件夹下的模型文件【标准三视图-组合体.SLDPRT】,单击【打开】按钮,如图 17-5 所示。

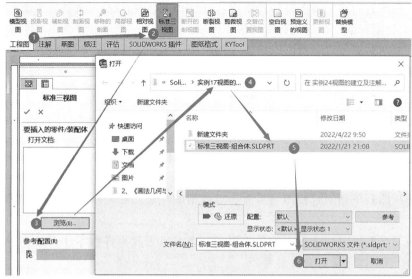

图 17-5　建立"标准三视图"

图形区直接生成标准三视图,如图 17-6 所示。

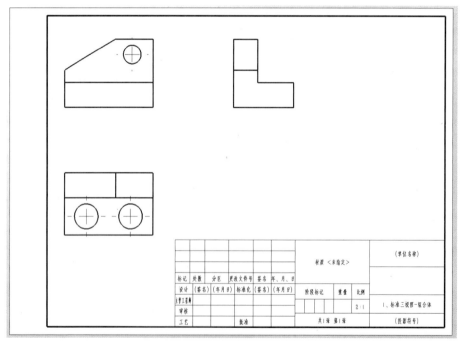

图 17-6　建立的标准三视图

2.建立模型视图

基于零件或装配体模型中指定的视图方向创建视图(如后视图)。

依次单击【新建】→【GB 工程图模板】→【A4 横放】,单击【确定】按钮,新建一张 A4 图纸。

系统默认是【模型视图】。单击【浏览】按钮,选择"实例 17"文件夹下的模型文件【标准三视图-组合体.SLDPRT】,单击【打开】按钮,如图 17-7 所示。

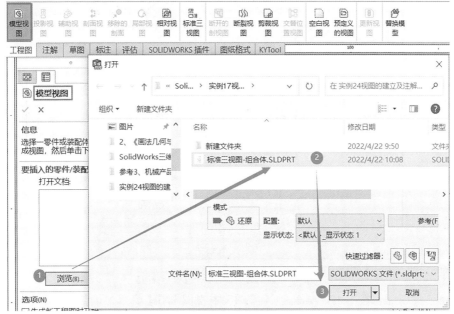

图 17-7　建立【模型视图】

单击所需要的模型视图,如【后视图】,选择一种视图定向,然后单击放置模型视图,如图 17-8 所示。

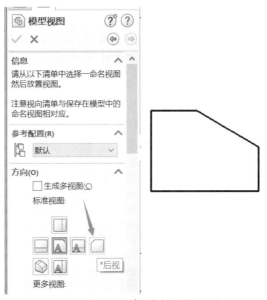

图 17-8　建立【后视图】

专家提示:执行完建立模型视图后,系统跟着弹出【投影视图】,可以围绕后视图建立 8 个投影视图,如图 17-9 所示。

实
例
17

视图的建立及注解的添加

123

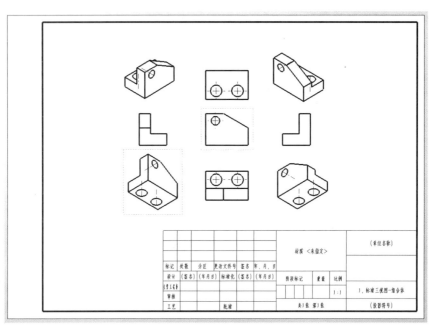

图 17-9　围绕模型视图的 8 个【投影视图】

由此可以看出：在 SolidWorks 工程图中，主视图利用【模型视图】命令建立；俯视图、左视图、右视图、仰视图利用【投影视图】命令建立。

3.创建主视图的步骤

采用【模型视图】命令可以建立主视图。具体操作及选项说明如下：

(1)选择要创建工程图的模型

新建工程图模板文件之后，单击【模型视图】按钮，弹出【模型视图】属性管理器，如图 17-10 所示。【打开文档】列表框中显示的是已打开的零件或装配体文件，用户如果要设计工程图的零件或装配体在该列表框中，那么既可以双击该文件，也可以单击【下一步】按钮(**专家提示**：没有零件或装配体文件打开时，下一步为不可操作的灰色)；如果不在列表框中，用户可以单击【浏览】按钮，在【打开】对话框中查找。

图 17-10　【模型视图】属性管理器

（2）定义视图参数

选择了零件或装配体后，【模型视图】对话框会展开，在对话框中可以定义视图参数。如图 17-11 所示，在【方向】选项组可以选择主视图的投射方向；在【显示样式】选项组可以选择主视图的显示形式，从左到右依次是【线架图】【隐藏线可见】【消除隐藏线】【带边线上色】【上色】；在【比例】选项组可以定义主视图的比例，一般选中【使用图纸比例】单选按钮。

图 17-11 定义视图参数

（3）放置主视图

在图纸区域合适的位置单击，放置主视图。

17.1.1.2 建立派生工程视图

由现有视图投影得到的视图称为派生工程视图，包括投影视图、辅助视图、剖面视图、局部视图、断开的剖视图、断裂视图、剪裁视图。

1.建立投影视图

（1）操作步骤

在现有视图的上、下、左、右 4 个投影方向及四个角方向均可建立视图，如图 17-9 所示。

依次单击【新建】→【GB 工程图模板】→【A4 横放】，单击【确定】按钮，新建一张 A4 图纸。在【模型视图】中，单击【浏览】按钮，选择"实例 17"文件夹下的模型文件【标准三视图-组合体.SLDPRT】，单击【打开】按钮。

在【模型视图】中建立【主视图】后，单击【确定】按钮；单击【投影视图】命令，选择参考视图，如【主视图】，设定【比例】等属性，向右移动鼠标，到预定位置后单击，放置视图，得到【左视图】，单击【确定】按钮，如图 17-12 所示。

专家提示：可以在建立模型视图后，不单击【确定】按钮，直接就进入投影视图的设计中。

建立派生
工程视图

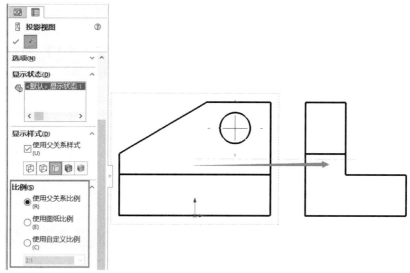

图 17-12　建立"投影视图"

（2）扩展知识

建立主视图后，移动光标到不同位置可得到相应位置的投影视图，或者单击【投影视图】按钮也可以建立除主视图之外的其他基本投影视图。具体操作及选项说明如下：

单击【投影视图】按钮，弹出【投影视图】属性管理器，如图 17-13 所示。在【投影视图】属性管理器中，可以设置本视图的投射方向名称、选择显示样式、选择绘图比例。（专家提示：勾选箭头后，可以输入大写字母；该字母和箭头会跟着投影视图一起建立。）

图 17-13　【投影视图】属性管理器

在【投影视图】属性管理器中设置完成后,在父视图(主视图)周围相应位置单击,建立相应的投影视图(俯视图、左视图、右视图、仰视图、轴测图)。

2.建立辅助视图(向视图)

在垂直现有视图的一条参考边线的方向上建立视图。

依次单击【新建】→【GB 工程图模板】→【A4 横放】,单击【确定】,新建一张 A4 图纸。在【模型视图】中,单击【浏览】按钮,选择"实例 17"文件夹下的模型文件【标准三视图-组合体.SLDPRT】,单击【打开】按钮。

在【模型视图】中建立【主视图】后,单击【确定】按钮;单击【辅助视图】命令,选择视图中的斜边作为参考边线,单击,放置视图,系统自动将其命名为"A"和"视图 A",如图 17-14 所示。

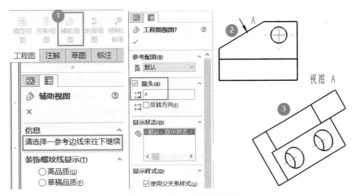

图 17-14　建立"辅助视图"

专家提示:向视图为自由配置的基本视图。在 SolidWorks 工程图中,将投影视图解除父子关系,给出投射方向的名称,即可得到向视图。

3.建立剖面视图

在 SolidWorks 工程图中,利用【剖面视图】工具,可以建立全剖视图、半剖视图、阶梯剖视图、旋转剖视图、斜剖视图、断面图。【剖面视图】命令需要在父视图上定义剖切面,属于派生视图。

单击【剖面视图】按钮,弹出【剖面视图】属性管理器。【剖面视图】属性管理器包含【剖面视图】和【半剖面】两个选项卡。

其中,【剖面视图】选项卡可以建立全剖视图,包括单一剖切面的全剖视图、多个平行剖切面的阶梯剖视图、相交剖切面的旋转剖视图、垂直剖切面的斜剖视图。通过属性设置还可以建立断面图。【半剖面】选项卡建立半剖视图。

在【剖面视图】选项卡中,通过在【切割线】选项组选择切割线类型,可以建立斜剖视图、阶梯剖视图、旋转剖视图等。【切割线】类型有四种:【竖直】【水平】【辅助视图】【对齐】。

第一种:单击【竖直】或【水平】切割线,可以建立单一剖切面全剖视图。

第二种:单击【竖直】或【水平】切割线,取消勾选【自动启动剖面实体】复选框,结合【剖切线转折方式】快捷菜单,可以建立阶梯剖视图。

第三种:单击【辅助视图】切割线,可以建立斜剖视图。

第四种:单击【对齐】切割线,可以建立旋转剖视图。

127

1）建立单一平面的全剖视图

（1）实操过程

依次单击【新建】→【GB 工程图模板】→【A4 横放】，单击【确定】按钮，新建一张 A4 图纸。在【模型视图】中，单击【浏览】按钮，选择"实例 17"文件夹下的模型文件【全剖视图.SLDPRT】，单击【打开】按钮。

在【模型视图】中建立【上视图】后，单击【确定】按钮。

单击【剖面视图】命令，利用默认的"剖面视图"及"水平"的切割线，单击"大圆圆心"，单击【确定】按钮；无须单击【反转方向】，系统默认输入"A"，上移到合适位置后，单击放置全剖视图，如图 17-15 所示。

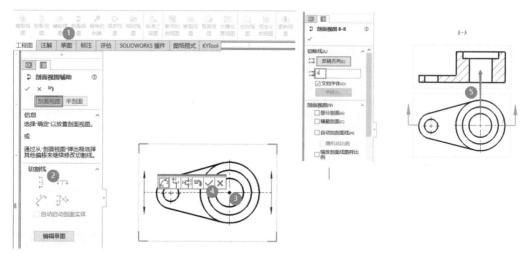

图 17-15　建立单一平面的全剖视图

右击剖切线，在弹出的快捷菜单中选择【隐藏切割线】命令，如图 17-16 所示。

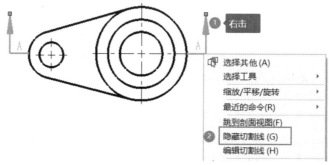

图 17-16　选择【隐藏切割线】命令

（2）扩展知识

建立全剖视图的操作步骤如下：

①单击【剖面视图】命令，弹出【剖面视图】属性管理器，在【剖面视图】属性管理器的【切割线】选项组中选择切割线形式。

②在放置切割线的父视图中，单击【确定】按钮放置切割线的位置。

③在适当位置单击，放置剖视图。

128

【剖面视图】属性管理器的各选项说明如下：

如果剖视图的切平面为水平面，以主视图、左视图或右视图为父视图放置切割线，则在【切割线】选项组选择【水平】切割线。一般情况下，俯视图或仰视图做剖视处理，应选择主视图作为放置切割线的父视图，得到的下（上）向剖视图符合国家标准。

如果剖视图的切平面为侧平面，以主视图、俯视图或仰视图为父视图放置切割线，则在【切割线】选项组选择【竖直】切割线。一般情况下，左视图或右视图做剖视处理，应选择主视图作为放置切割线的父视图，得到的左（右）向剖视图符合国家标准。

如果剖视图的切平面为正平面，以俯视图或仰视图为父视图放置切割线，则在【切割线】选项组选择【水平】切割线；如果剖视图的切平面为正平面，以左视图或右视图为父视图放置切割线，则在【切割线】选项组选择【竖直】切割线。

【剖面视图 A-A 属性管理器】的选项说明如下：

可进行投射方向选择、剖视图名称设置、名称字体设置、剖切面属性设置等。

单击【反转方向】按钮，可得到相反方法的剖视图。在【标号】文本框中输入"A"，则将剖视图的名称设置为"A-A"。在【显示样式】选项组中选择【隐藏线可见】选项。

2）建立半剖视图

（1）实操过程

依次单击【新建】→【GB 工程图模板】→【A4 横放】，单击【确定】按钮，新建一张 A4 图纸。在【模型视图】中，单击【浏览】按钮，选择"实例 17"文件夹下的模型文件【半剖＋局部剖.SLDPRT】，单击【打开】按钮。

在【模型视图】中建立【上视图】后，单击【确定】按钮。

单击【剖面视图】命令，单击【半剖面】，单击【右侧向上】半剖面，单击"圆心"，向上移动鼠标，单击，放置半剖视图，单击【确定】按钮，如图 17-17 所示。

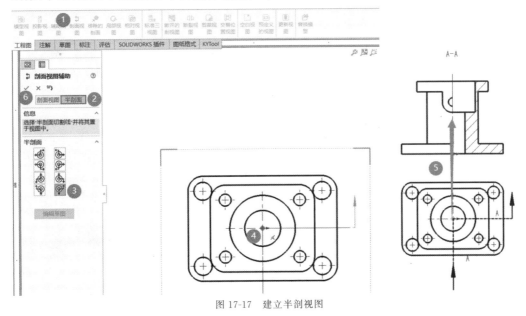

图 17-17　建立半剖视图

（2）扩展知识

当零件在基本投影面上的投影视图有对称线,且外形和内形都需要表达时,可以以对称线为界画成半剖视图,一半表达外形,一半表达内形。

在 SolidWorks 工程图中,采用【剖面视图】工具,可以生成半剖视图。

建立半剖视图的操作步骤如下:

①单击【剖面视图】命令,弹出【剖面视图】属性管理器。选择【半剖面】选项卡。

②在【半剖面】选项组单击剖切方位及方向。

③选择剖切面的位置。

专家提示:筋板按不剖处理。在弹出的对话框中对【剖面范围】进行选择,在相关视图上单击筋板,则在建立的半部视图中,筋板做不剖处理。

④在适当位置放置半剖视图。

采用【剖面视图】工具建立剖视图时,有一些需要注意的地方:

①当剖切的结构有筋板类特征时,选择【切割线】或【半剖面】后,系统会弹出【剖面范围】对话框,在该对话框里,可以通过选择某特征,将其从剖切范围内排除,即该特征做不剖处理。国家标准规定,筋板、轮辐等纵向剖切时,做不剖处理;装配图中,实心轴、标准件沿轴线剖切时,做不剖处理。因此,在【剖面范围】对话框中,可以对筋板、轮辐实心轴、标准件的剖切做正确处理。做了不剖处理后,筋板区域不画剖面线、自动添加筋板相邻特征之间的分界轮廓线。

②可以做半剖视图的结构具有对称性,被排除的筋板因结构的对称性,往往是镜像特征或者是被镜像的特征。在工程图中,这样的镜像特征当将其一侧特征从剖切范围排除时,会影响表达外形的另一侧特征。因此,这时的筋板无论是镜像或者被镜像特征,都应单独建立。

③利用【剖面视图】工具建立的半剖视图,在其外形侧不能再做局部剖视处理。

3)建立旋转剖视图

(1)实操过程

依次单击【新建】→【GB 工程图模板】→【A4 横放】,单击【确定】按钮,新建一张 A4 图纸。在【模型视图】中,单击【浏览】按钮,选择"实例 17"文件夹下的模型文件【旋转剖.SLDPRT】,单击【打开】按钮。

在【模型视图】中建立【圆盘】形状的【上视图】后,单击【确定】按钮。

单击【剖面视图】命令,利用默认的【剖面视图】,选择【对齐】样式的切割线,单击【圆盘中心】,单击右下角圆心定位起始边,单击最上边的圆心,定位终止边,向右移动鼠标到合适位置,单击,放置剖视图,单击【确定】按钮,如图 17-18 所示。

专家提示:此处的起始边和终止边可以互换。

(2)扩展知识

采用【剖面视图】工具可以建立旋转剖视图。

建立旋转剖视图的操作步骤如下:

①单击选择【剖面视图】命令,弹出【剖面视图】属性管理器。

②在【切割线】选项组,单击选择切割线形式,取消勾选【自动启动剖面实体】复选框。

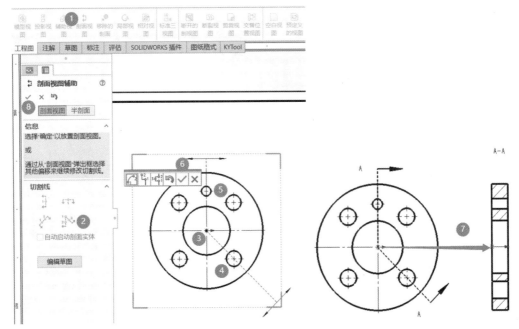

图 17-18　建立旋转剖视图

③在父视图中,依次单击确定两相交的剖切面位置。

④设置投射方向。

⑤在适当位置放置旋转剖视图。采用【剖面视图】工具建立剖视图后,还需要进行一些后期处理,才能得到符合国家标准定义的旋转剖视图。

4)建立阶梯剖视图

(1)实操过程

依次单击【新建】→【GB 工程图模板】→【A4 横放】,单击【确定】按钮,新建一张 A4 图纸。在【模型视图】中,单击【浏览】按钮,选择"实例 17"文件夹下的模型文件【阶梯剖.SLDPRT】,单击【打开】按钮。

在【模型视图】中建立【上视图】后,单击【确定】按钮。

单击【剖面视图】,依次选择【切割线】→【辅助视图】(或【水平】),单击右下角的"小圆圆心",以确定起始边的位置;向左水平平移鼠标(专家提示:这里一定要保持水平。如果选择的是水平,会自动保持水平,相对方便些。)到合适位置,单击,以确定转折点的位置;单击【单偏移】,单击"大圆的圆心",定位终止边,单击【确定】按钮;向上平移鼠标到合适位置,单击,放置剖视图,单击【确定】按钮,如图 17-19 所示。

专家提示:此例选择【切割线】,要么选择【辅助视图】,要么选择【水平】;究竟是选【水平】还是【竖直】的【切割线】要视情况而论。

(2)扩展知识

阶梯剖视图是由几个和基本投影面平行的剖切面进行剖切得到的剖视图。

采用【剖面视图】工具可以建立阶梯剖视图。

建立阶梯剖视图的操作步骤如下：

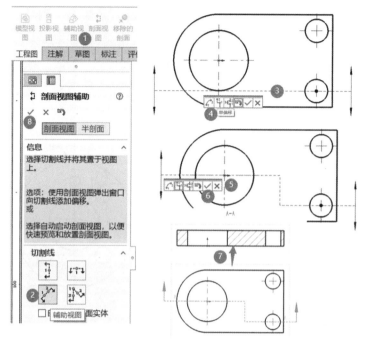

图 17-19　建立阶梯剖

①单击【剖面视图】命令，弹出【剖面视图】属性管理器。

②在【切割线】选项组选择切割线形式。

③取消勾选【自动启动剖面实体】复选框。

④单击确定第一个剖切面位置。

⑤在弹出的快捷菜单中，单击【单偏移】按钮，进入剖切面转折位置的选择。

⑥在适合剖切面转折位置处单击，确定转折位置。

⑦单击确定第二个剖切平面的位置。

重复第⑤至⑦步，确定第二个，第三个……剖切平面的位置。

⑧在适当位置单击，放置阶梯剖视图。

4. 建立局部放大图

1)实操过程

绘制一个包含放大区域的闭合轮廓线（一般用圆）。

启动软件，单击【打开】，选择"实例 17"文件夹下的模型文件【半联轴器-局部放大图.SLDPRT】，单击【打开】按钮。

依次单击【新建】→【GB 工程图模板】→【A4 横放】，单击【确定】按钮，新建一张 A4 图纸。在【模型视图】中，单击【下一步】按钮，如图 17-20 所示。

在【模型视图】中建立【T 形】形状的【主视图】和【圆盘】形状的【左视图】后，单击【确定】按钮。

单击【局部视图】命令，在想要放大的位置处"画一个圆圈"，选择局部视图的比例，放置局部视图，如图 17-21 所示。

专家提示:这里的放大,是指以图纸属性的比例(1:5)放大。

图 17-20　单击"下一步"按钮

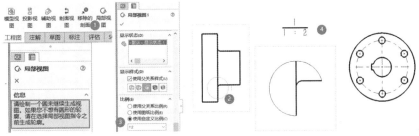

图 17-21　建立局部视图

2)扩展知识

当某些细小结构在原图上表达不清或不便标注尺寸时,可将该部分结构用大于原图的比例单独画出。这种图形称为局部放大图。

在 SolidWorks 工程图中,利用【局部视图】工具,可以建立局部放大图。局部视图是在一个已经建立的父视图上用一个封闭的圆截取要放大部分而建立的。局部视图是一种派生视图,其父视图可以是正交视图、空间(等轴测)视图、剖面视图、裁剪视图、爆炸装配图。

建立局部放大图的操作步骤如下:

①单击【局部视图】命令,弹出【局部视图】属性管理器,进入草绘模式。

②在轴套主视图上退刀槽处草绘圆,圆区域包含放大的部分。

③在【局部视图】属性管理器中定义比例。

④在适当的位置放置局部放大图。

5.建立断开的剖视图:局部剖视图

1)建立全剖视图:不建议使用

新建一张 A4 图纸;在【模型视图】中,打开【半联轴器-局部放大图.SLDPRT】并建立【主视图】和【左视图】。

单击【断开的剖视图】选项,工作区左侧显示【样条曲线】,默认用【样条曲线】绘制一个封闭的图形,包围【T 形】视图(**专家提示**:鼠标在工作区下显示时,带用样条曲线);绘制完样条曲线后,系统弹出提示"通过输入一个值或选择一切割到的实体来为断开的剖视图指定深度。",可以按指定深度数值"70"或选中另一视图经过中心的圆线,如"中心圆的圆线",单击【确定】按钮,如图 17-22 所示。

专家提示:一定要勾选【预览】复选框,避免选择了不正确的边线;边线选择正确后,深度也会正确显示为 70;本例选择竖直直径在左、右对称轴上的四个圆均可得到正确的结果。

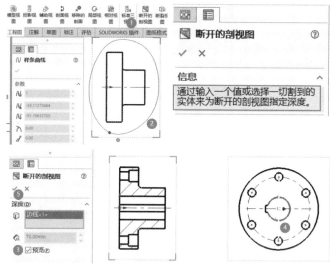

图 17-22　建立全剖的断开的剖视图

专家提示 1:样条曲线绘制的封闭图形要包围被剖切的整个视图,万万不能与被剖切的视图相交。

专家提示 2:虽然利用【断开的剖视图】可以绘制出全剖视图,但是,相较于【剖面视图】,其操作的难易程度大,效率低。因此,只建议采用【断开的剖视图】建立局部剖视图。

2)建立局部剖视图

(1)实操过程

依次单击【新建】→【GB 工程图模板】→【A4 横放】,单击【确定】按钮,新建一张 A4 图纸。在【模型视图】中,单击【浏览】按钮,选择"实例 17"文件夹下的模型文件【半剖＋局部剖.SLDPRT】,单击【打开】按钮。

在【模型视图】中建立好【主视图】与【上视图】后,单击【确定】按钮。

在图形中绘制好样条曲线后(专家提示:默认用样条曲线绘制一个封闭的图形,紧紧包围"想要剖切的局部视图"),单击【断开的剖视图】,按指定深度数值"16"或选中另一视图经过中心的圆线,如"顶面左前方圆的圆线",单击【确定】按钮,如图 17-23 所示。

专家提示 1:样条曲线绘制的封闭图形要紧紧包围"想要剖切的局部视图"。

专家提示 2:绘制好的样条曲线,如果没有激活,即没有显示控制点,是不能激活【断开的剖视图】命令的。要想激活【断开的剖视图】命令,就必须先单击【样条曲线】,使其控制点显示出来。

同理,可以得到下底板的局部剖视图,如图 17-24 所示。

专家提示 1:也可以先绘制一个圆、椭圆或者矩形,然后再启动【断开的剖视图】命令。

专家提示 2:因为断开的剖面不能在以下位置创建:SolidWorks 2013 之前版本创建的剖面视图上、有镜向视图配置的剖面视图上、采用"尺寸线打折"选项的剖面视图上、剖面视图的详细视图上、移除的剖面视图上或模型断裂视图上。如果先建立半剖视图,再建立局部视图,系统会弹出上述警告。因此,只能先建立好两个局部视图,再绘制一个矩形后，用【断开的剖视图】来实现局部剖加半剖，如图 17-25 所示。

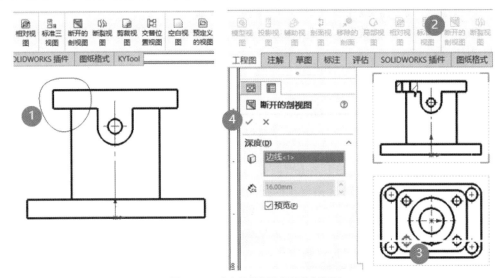

图 17-23　建立局部剖的断开的剖视图

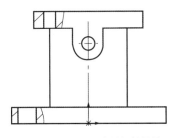

图 17-24　上、下两处局部剖视图

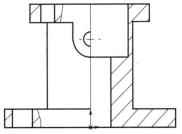

图 17-25　局部剖加半剖

（2）扩展知识

局部剖视图是用剖切面剖开零件或装配体局部所得到的剖视图。

在 SolidWorks 工程图中，利用【断开的剖视图】工具，可以建立局部剖视图。【断开的剖视图】是在一个已经建立的父视图上用一个封闭的样条曲线框截取要剖切部分而建立的。这个父视图不能是【剖面视图】建立的剖视图，例如，在已做半剖处理的半剖视图的外形侧上，不能做【断开的剖视图】。

建立局部剖视图的操作步骤如下：

①单击【断开的剖视图】命令，进入草绘模式。

②在父视图上草绘封闭的样条线，封闭区域包含局部剖需要剖切的部分视图。弹出【断开的剖视图】属性管理器。

专家提示：绘制封闭样条轮廓线要注意两点：一是必须是封闭的曲线；二是封闭样条曲线在断裂处就是局部剖视图中的断裂波浪线，要符合国家标准对断裂边界波浪线的规定。

③在弹出的【断开的剖视图】属性管理器中，进行剖切面位置的选择。

6.建立断裂视图：折断画法

依次单击【新建】→【GB 工程图模板】→【A4 横放】，单击【确定】按钮，新建一张 A4 图纸。在【模型视图】中，单击【浏览】按钮，选择"实例 17"文件夹下的模型文件【断裂视图：

折断画法.SLDPRT】,单击【打开】按钮。

在【模型视图】中建立【主视图】后,单击【确定】按钮。

依次单击【草图】→【智能尺寸】,标注主视图中的全部长度尺寸,单击【确定】按钮,如图 17-26 所示。

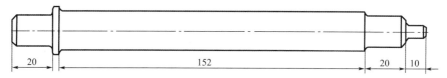

图 17-26　标注全部长度尺寸

单击【工程图】→【断裂视图】;单击要断开的工程图视图;在 152 mm 尺寸的起点附近单击,确定第一条折断线的位置;选择默认的折断线样式,设置缝隙大小为 2 mm;在 152 mm 尺寸的终点附近单击,选定第二条折断线的位置,单击【确定】按钮,如图 17-27 所示。

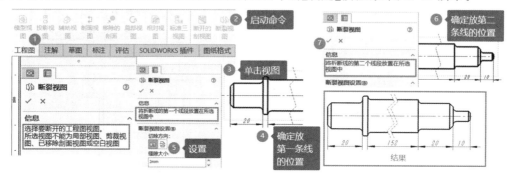

图 17-27　建立断裂视图

专家提示:拖动分割线,观察视图及其尺寸的变化。双击折断线可以编辑缝隙大小。

7.建立裁剪视图:局部视图

1)实操过程

依次单击【新建】→【GB 工程图模板】→【A4 横放】,单击【确定】按钮,新建一张 A4 图纸。在【模型视图】中,单击【浏览】按钮,选择"实例 17"文件夹下的模型文件【局部视图.SLDPRT】,单击【打开】按钮。

在【模型视图】中建立【主视图】【上视图】【右视图】【左视图】后,单击【确定】按钮,如图 17-28 所示。

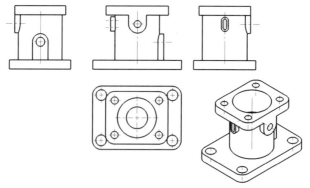

图 17-28　建立好基本视图

依次单击【草图】→【样条曲线】或【椭圆】或【矩形】,绘制一个包含剪裁区域的闭合轮廓线,单击【确定】按钮,绘制好的剪裁区域的闭合轮廓线如图 17-29 所示。

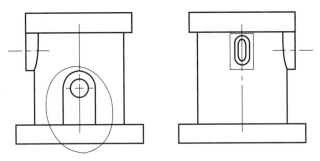

图 17-29　裁剪区域的闭合轮廓线

单击绘制的剪裁区域的闭合轮廓线,例如,矩形框,使其处于被激活的状态;依次单击【工程图】→【剪裁视图】;即可得到局部视图,如图 17-30 所示。

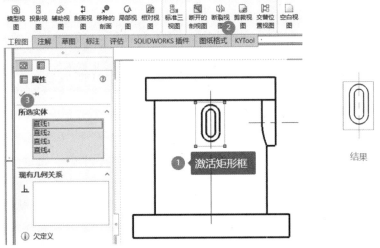

图 17-30　建立剪裁视图:局部视图

剪裁后的视图如图 17-31 所示。

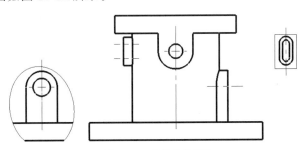

图 17-31　剪裁后的视图

2)扩展知识

国家标准定义零件或装配体的某一部分向基本投影面投射所得到的视图称为局部视图。在 SolidWorks 工程图中,局部视图可以利用【剪裁视图】工具建立。剪裁视图是由各类视图经剪裁建立的。

建立局部视图的操作步骤如下：

(1)建立基本视图

建立一个需要制作局部视图的基本视图(也可以是剖视图)。

(2)绘制一条封闭的裁剪轮廓

依次单击【草图】→【样条曲线】命令绘制一条封闭的裁剪轮廓,包含要保留的部分。

(3)单击【剪裁视图】

选择封闭的轮廓(默认已选择则不需要这一步),单击【剪裁视图】按钮,则剪裁轮廓以外的视图消失,建立局部视图。

17.1.2　不常用视图的建立 //

除了上述视图,还有斜视图、斜剖视图和断面图等常见的视图,其建立方式均可借鉴建立标准工程视图和派生工程视图的方法来完成,因此,下面只是给出了相关的步骤,可供参考。

不常用视图
的建立

17.1.2.1　建立斜视图

国家标准定义,机件向不平行于基本投影面的平面投射(正投影)所得的视图称为斜视图。斜视图往往是取倾斜的部分,表达倾斜部分的真形特征。

在 SolidWorks 工程图中,斜视图可以利用【辅助视图】工具建立,若只取局部,则利用【剪裁视图】工具进行剪裁。

建立斜视图的操作方法如下：

1.建立一个父视图

建立一个可以给出斜视图投影参考边的父视图(可以是投影视图,也可以是剖视图)。

2.单击【辅助视图】

单击【辅助视图】,弹出【辅助视图】属性管理器,在父视图上单击参考视图的边线(参考边线不可以是水平或垂直的边线,否则,建立的就是基本视图),移动光标到视图适当位置,单击放置。

3.绘制一条封闭的轮廓

依次单击【草图】→【样条曲线】命令绘制一条封闭的轮廓,包含要保留的部分。

4.单击【剪裁视图】

选择封闭的轮廓(默认已选择则不需要这一步),单击【剪裁视图】按钮,则剪裁轮廓以外的视图消失。建立需要的斜视图。

采用【辅助视图】工具建立视图后,还需要进行一些后期处理,才能得到符合国家标准定义的斜视图。后期处理的技术和技巧如下：

1.合理的剪裁取舍

斜视图往往只需要倾斜的局部,生成的斜视图要进行合理的剪裁取舍。采用【剪裁视图】工具剪裁不需要的部分。

2.位置需要合理布局

斜视图的位置需要合理布局。依次单击【视图对齐】→【解除对齐关系】命令解除斜视图与父视图(主视图)的对齐父子关系,可以任意调整斜视图的位置。

3.可以摆正

斜视图可以通过旋转操作摆正。

4.隐藏多余的线

依次单击【线型】→【隐藏显示边线】命令将多余的线进行隐藏。

5.删除不规范的中心线

斜视图按投射方向摆放时,有些中心线、轴线、对称线会不符合国家标准。将不规范的中心线删除,然后利用【草图】工具重新绘制。

17.1.2.2　建立斜剖视图

采用【剖面视图】工具可以建立斜剖视图。

用一个不平行于任何基本投影面的剖切平面剖开物体,这种剖切方法称为斜剖。如图 17-32 所示。斜剖视图的标注不能省略,最好配置在箭头所指方向,也允许放在其他位置。允许旋转配置,但必须标出旋转符号。

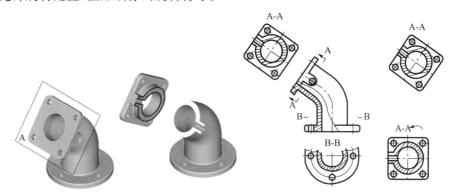

图 17-32　斜剖示例

建立斜剖视图的操作步骤如下:

1.绘制剖切线

在父视图中,依次单击【草图】→【直线】命令绘制中心线作为剖切线。

2.选择【剖面视图】命令

单击【剖面视图】命令,弹出【剖面视图】属性管理器。

3.选择【切割线】形式

在【切割线】选项组,单击【辅助视图】选择【切割线】形式。

4.选择剖切面位置

在父视图中,单击绘制的中心线的两个端点。

5.设置投射方向

移动鼠标,以设置投影方向。

6.斜剖视图局部处理

在【剖面视图】属性管理器的【剖面视图】选项组中,勾选【只显示切面】复选框(断面图根据表达需要进行勾选)。

7.在适当位置放置斜剖视图

采用【剖面视图】工具建立剖视图后,还需要进行一些后期处理。一般情况下,斜剖视图与斜视图一样,其目的是表达倾斜部分的结构,因此斜剖视图往往也只取投射方向所得视图的真形局部。选取局部的方法一般采用【剪裁视图】工具完成。

17.1.2.3　建立断面图

断面图是假想用剖切面将零件某处切断,仅画出其断面(剖切面与零件接触的部分)的图形。国家标准规定,断面图在两种特殊情况下需要做剖视处理:当剖切面通过由回转面形成的凹坑或孔的轴线时;当剖切面通过非回转面,会导致出现完全分离的两部分断面时。

假想用剖切面将机件的某处切断,仅画出该剖切面与机件接触部分断面的形状,称为断面图,简称断面,通常要在断面图上画上剖面符号。如图 17-33 所示。

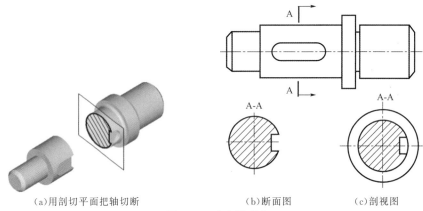

|(a)用剖切平面把轴切断|(b)断面图|(c)剖视图|

图 17-33　建立断面图

从图 17-33 中可知,断面图与剖视图的区别是,断面图只要画出机件的断面形状,而剖视图除要画出其断面形状外,还要画出剖切平面后面的可见轮廓线。

断面图常用于表达轴上的槽或孔的深度,以及机件上肋、轮辐和杆件、型材的断面等。

根据断面图在绘制时所配置的位置不同,断面可分为移出断面和重合断面两种,如图 17-34 和图 17-35 所示。

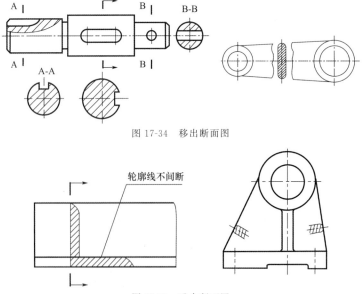

图 17-34　移出断面图

图 17-35　重合断面图

在 SolidWorks 工程图中,采用【剖面视图】工具,勾选【只显示切面】复选框,可以建立断面图。

建立断面图的操作步骤如下:

1.选择【剖面视图】命令

单击【剖面视图】命令,弹出【剖面视图】属性管理器。在【切割线】选项组中选择切割线形式。

2.在【剖面视图】选项组中勾选【只显示切面】复选框。

3.选择剖切面的位置。

4.选择合适位置建立的图形。

5.解除对齐关系

右击建立的图形,在弹出的快捷菜单中依次单击【对齐视图】→【解除对齐关系】命令。

6.移动断面图至适当的位置。

7.断面图的剖视处理

将当前层设置为可见轮廓线图层,依次单击【草绘】→【圆】命令绘制圆。

视图编辑

17.1.3 SolidWorks 视图编辑 //

观察上面各类视图的建立结果,不难发现,其中还存在一些不符合国家制图标准的地方,比如,有的比例不合适;有的切线需要隐藏;有的需要重新布局视图;有的需要移动,以调整视图之间的间距;有的需要解除视图之间的父子关系,任意移动视图位置;有的视图需要旋转缩放等。因此,对视图的编辑就显得非常有必要。常用的视图编辑命令如下:

17.1.3.1 修改图纸比例

在设计树中右击【图纸格式 1】,在弹出的快捷菜单中选择【属性】命令,修改比例,单击【应用更改】按钮,如图 17-36 所示。

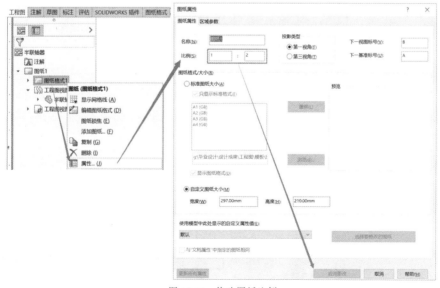

图 17-36 修改图纸比例

141

专家提示: 在设计树中右击【图纸1】也可以。

17.1.3.2　修改视图属性

1. 自定义某一图形的比例

在图形区单击某一视图,可单独设置视图比例为【使用自定义比例】,即可单独改变该视图的比例,如图17-37所示。

图17-37　自定义某一视图比例

专家提示: 修改图纸属性中的比例,对图纸中的所有图形都起作用;【使用自定义比例】只对选中的图形起作用。

2. 隐藏线的消除与可见

单击视图,将属性右侧的滚动条向下拉,可以看到【显示样式】一共有五种,所选视图的【显示样式】为【消除隐藏线】,即不显示不可见轮廓线,如图17-38所示。

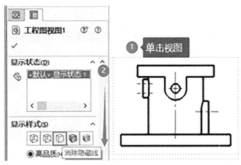

图17-38　不显示不可见轮廓线

单击【隐藏线可见】按钮,可以使不可见轮廓线显示出来,如图17-39所示。

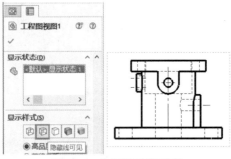

图17-39　设置【隐藏线可见】

17.1.3.3　修改对齐关系

根据长对正,高平齐、宽相等的原则,移动投影视图时,只能横向或纵向移动。

在图形区选择视图后右击,在弹出的快捷菜单中依次单击【视图对齐】→【解除对齐关系】选项,可以解除与主视图的父子关系,可移动该视图至任意位置,如图 17-40 所示。

图 17-40　解除对齐关系

在图形区选择视图后右击,在弹出的快捷菜单中依次单击【视图对齐】→【默认对齐】选项,可以恢复与主视图的父子关系,该视图又会回到原来的位置,如图 17-41 所示。

图 17-41　恢复对齐关系

专家提示:如果解除的是【高平齐】的视图关系,也可以通过右击,在弹出的快捷菜单中依次单击【视图对齐】→【中心水平对齐】选项,被移动的视图又会自动与主视图横向水平对齐;如果解除的是【长对正】的视图关系,也可以通过右击,在弹出的快捷菜单中依次单击【视图对齐】→【中心竖直对齐】选项,被移动的视图又会自动与主视图纵向垂直对齐。

17.1.3.4　隐藏切边

右击相应视图,在弹出的快捷菜单中依次选择【切边】→【切边不可见】选项,如图 17-42 所示。

图 17-42　隐藏切边

143

17.1.3.5　视图的移动和锁定

将鼠标指针停放在视图的虚线框上,光标变成如图17-43所示时,按住鼠标左键,并移动至合适的位置,则该视图会移到选定的位置。

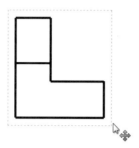

图17-43　光标变成带十字箭头时可移动视图

视图的位置放置好了以后,可以右击该视图,在弹出的快捷菜单中单击【锁住视图位置】命令,视图将不能移动;再次右击该视图,单击【解除锁住视图位置】命令,该视图又可被移动,如图17-44所示。

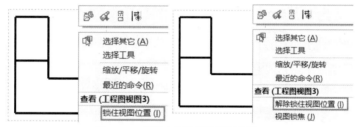

图17-44　锁住和解除锁住视图位置

17.1.3.6　旋转视图

右击要旋转的视图,在弹出的快捷菜单中依次单击【缩放/平移/旋转】→【旋转视图】命令,在弹出的【旋转工程视图】对话框中,输入旋转角度,单击【应用】按钮,再单击【是】按钮即可旋转视图,如图17-45所示。

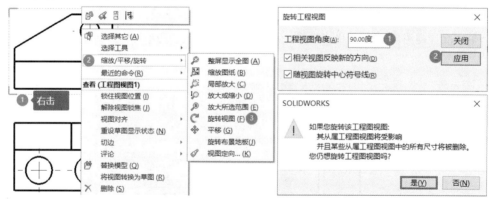

图17-45　旋转视图

17.1.3.7　删除视图

右击要删除的视图,在弹出的快捷菜单中单击【删除】命令,或直接按下键盘上的【Delete】键,在弹出的【确认删除】对话框中,单击【是】按钮,如图17-46所示。

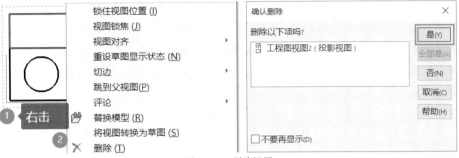

图 17-46　删除视图

17.2 ▲ 添加符合国家标准的注解

添加符合国家标准的注解

国家标准规定：零件图的尺寸包括定形尺寸、定位尺寸、总体尺寸，尺寸标注要求正确、完整、清晰、合理；装配图要求标注必要的尺寸，包括总体尺寸、规格尺寸、配合尺寸、定位安装尺寸，以及重要的尺寸；零件图的技术要求主要包括尺寸公差、表面结构要求（如表面粗糙度）、几何公差（形位公差）、文字"技术要求"；装配图要注释文字"技术要求"。

在 SolidWorks 工程图环境中，根据合理的视图表达方案生成各类视图后，就可以进行标注尺寸、添加注释等后续步骤了。

注解包括尺寸、注释、焊接注解、基准特征符号、基准目标符号、形位公差（几何公差）、表面粗糙度、多转折引线、孔标注、销钉符号、装饰螺纹线、区域剖面线填充、零件序号等。注解工具栏如图 17-47 所示。

图 17-47　注解工具栏

17.2.1　尺寸标注 //

17.2.1.1　尺寸标注规则

工程图纸中的尺寸由数值、尺寸线等组成，尺寸标注应满足以下规则：所标注的尺寸应为机件最后的完工尺寸；机件的每一个尺寸，只应在反映该结构最清晰的图形上标注一次；尺寸数字不可被任何图线所通过，当无法避免时，必须将该图线断开；当圆弧＞180°时，应标注直径符号；当圆弧＜180°时，应标注半径符号。

17.2.1.2　尺寸类型

在 SolidWorks 工程图中可以标注两种类型的尺寸：其一是生成每个零件特征模型时标注的尺寸称为模型尺寸，将这些尺寸插入各个工程图视图后，在模型中改变尺寸会更新工程图，在工程图中改变插入的尺寸也会改变模型。其二是在工程图文档中添加的尺寸是参考尺寸，并且是从动尺寸；不能通过编辑参考尺寸的值来改变模型。然而，当模型的标注尺寸改变时，参考尺寸值也会发生改变。

17.2.1.3　尺寸标注

进入标注尺寸、添加技术要求、添加注释等操作的路径有以下几种方法：

方法一：采用下拉菜单选择。依次单击【工具】→【尺寸】命令，进行尺寸标注。依次单击【插入】→【注解】命令，添加各类注释；依次单击【插入】→【注解】→【孔标注】命令可以对建模时用【异形孔建模向导】生成的孔进行标注。

方法二：单击【注解】工具栏中的【智能标注】【孔标注】进行尺寸标注。依次单击【表面粗糙度符号】→【形位公差】→【注释】等进行技术要求操作。单击【零件序号】等进行装配图操作。

方法三：从自定义【注解】工具栏按钮中选择。【注解】工具栏按钮可以从下拉菜单【工具】→【自定义】→【工具栏】中勾选。

1）模型尺寸标注方法

单击【注解】工具栏上的【模型项目】按钮，再选定某个视图或全部视图，单击【确定】按钮，如图 17-48 所示。

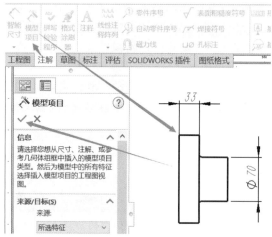

图 17-48　标注模型尺寸

2）参考尺寸标注方法

单击【注解】工具栏上的【智能尺寸】按钮，单击标注目标；其标注方法类似于草图的尺寸标注。

3）尺寸公差标注

单击"键槽宽度"等有公差要求的尺寸，如图 17-49 所示，在【公差/精度】中设定为【双边】，基本尺寸保留小数数字为"无"（无小数位），偏差保留小数数字为 0.12（保留两位小数），【其他】标签中的【公差字体大小】设置【字体比例】为"0.7"。

4）尺寸配合标注

单击"轴或者孔直径"等有配合要求的尺寸，如图 17-50 所示，在【公差/精度】中设定为【套合】，【方式】设定为【间隙】，【孔精度】设定为【H7】，【轴精度】设定为【f6】，【符号方式】设定为【H7/g6】。

图 17-49　标注尺寸公差　　　　　　图 17-50　标注配合代号

17.2.2　尺寸操作

自动标注的尺寸在工程图上有时会显得杂乱无章,如尺寸相互遮盖,尺寸间距过松或过密,某个视图上的尺寸太多,出现重复尺寸(如两个半径相同的圆标注两次)等。这些问题要通过尺寸操作工具来解决。尺寸操作包括尺寸(尺寸文本)移动、隐藏和删除,尺寸切换视图,修改尺寸线和尺寸延长线,修改尺寸属性。

17.2.2.1　移动尺寸

移动尺寸及尺寸文本有以下三种方法:

1.拖拽

拖拽要移动的尺寸,可在同一视图内移动尺寸。

2.【Shift】键＋拖拽

按住【Shift】键拖拽要移动的尺寸,可将尺寸移至另一个视图。

3.【Ctrl】键＋拖拽

按住【Ctrl】键拖拽要移动的尺寸,可将尺寸复制到另一个视图。

17.2.2.2　隐藏与显示尺寸

隐藏尺寸及其尺寸文本的方法如下:

1.快捷菜单法

选中要隐藏的尺寸并右击,在弹出的快捷菜单中单击【隐藏】命令。

2.下拉菜单法

依次单击【视图】→【隐藏/显示注解】命令。

此时被隐藏的尺寸是灰色,选择要显示的尺寸,按下【Esc】键即可将其显示。

17.2.2.3　尺寸数目添加

单击"螺栓孔直径"等尺寸,如图 17-51 所示,在【标注尺寸文字】文本框中输入"6×"等符号,然后单击【确定】按钮,完成尺寸标注。

专家提示:打开搜狗输入法的软键盘,按下字母【R】来输入"×"。

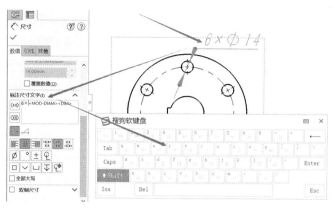

图 17-51　添加尺寸数目

17.2.2.4　自动对齐尺寸

选择所有尺寸,如图 17-52 所示,依次选择【工具】→【对齐】→【自动排列】命令,则所有尺寸自动等间隔布局。

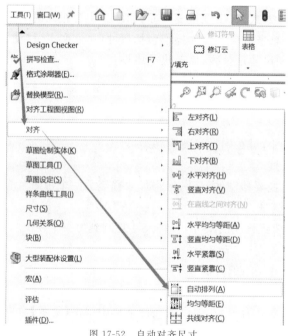

图 17-52　自动对齐尺寸

17.2.3　中心线和中心符号线添加 ///

在工程视图标注尺寸和添加注释前,应先用【中心线】和【中心符号线】工具添加中心线或中心符号线。

17.2.4　插入基准特征符号和几何公差符号 ////////////////////////////////////

单击【注解】工具栏上的【基准特征】按钮。在图 17-53 所示的【基准特征】对话框中取消勾选【使用文件样式】复选框,并依次单击【方框】和【三角板】,在图形区捕捉基准线或尺寸线中间,单击放置基准特征符号,单击【确定】按钮。

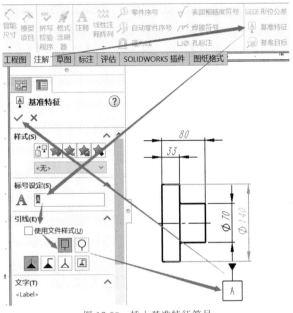

图 17-53　插入基准特征符号

单击【注解】工具栏上的【形位公差】按钮。在图 17-54 所示的【形位公差】对话框中,
设置【符号】为【对称度】,设置【公差 1】为"0.04",设置【主要】为"A";在【引线】对话框中选
择引线的样式;在图形区中指定位置单击插入几何公差符号,单击【确定】按钮。

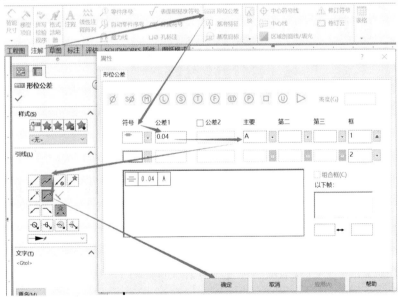

图 17-54　插入几何公差

17.2.5　添加装饰螺纹线 //

国家标准规定:外螺纹的牙顶(大径)及螺纹终止线用粗实线表示,牙底(小径)用细实
线表示。在垂直于螺纹轴线的投影面的视图中,表示牙底的细实线圆只画约 3/4 圈。

SolidWorks 中的装饰螺纹线是用来描述螺纹属性的,而不必在模型中加入真实的螺纹。具体操作:用"实例 17\装饰螺纹线.SLDPRT"生成工程图。如图 17-55 所示,依次单击【插入】→【注解】→【装饰螺旋线】命令,单击螺栓端面线,在【螺纹设定】选项组中设置【标准】为【GB】,【类型】为【机械螺纹】,【大小】为【M10】,【深度】为【成形到下一面】,单击【确定】按钮。

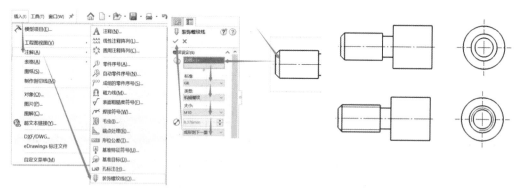

图 17-55　添加装饰螺纹线

专家提示:装饰螺纹线可以在零件模型中添加,也可以在零件工程图中添加,但只能在零件模型中删除。如图 17-56 所示,选中【装饰螺纹线 3】即可删除装饰螺纹线。

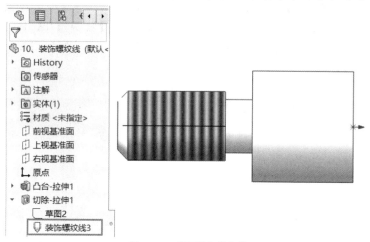

图 17-56　删除装饰螺纹线

17.2.6　插入表面粗糙度符号

表面粗糙度的标注采用【表面粗糙度符号】命令。操作如下:

17.2.6.1　启动【表面粗糙度符号】命令

单击【注解】工具栏上的【表面粗糙度符号】按钮,如图 17-57 所示。

图 17-57　启动【表面粗糙度符号】命令

17.2.6.2 定义表面粗糙度符号

在弹出的【表面粗糙度】属性管理器中定义表面粗糙度符号。如图 17-58 所示,在【表面粗糙度】属性管理器的【符号】选项组中定义符号的样式,毛坯面和机械加工面采用不同的符号;在【符号布局】选项组中定义粗糙度的评定值;在【格式】选项组中自定义【字体】;在【角度】选项组中定义符号的角度;在【引线】选项组中定义引线的形式。

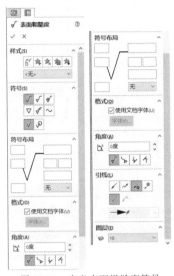

图 17-58　定义表面粗糙度符号

17.2.6.3 放置表面粗糙度符号

如图 17-59 所示的【表面粗糙度】对话框的【符号】选项组中单击"要求切削加工"的表面粗糙度符号,在【符号布局】选项组中输入粗糙度数值 $Ra\,6.3$,然后在图形区域的合适位置单击,以放置表面粗糙度符号。单击【确定】按钮。

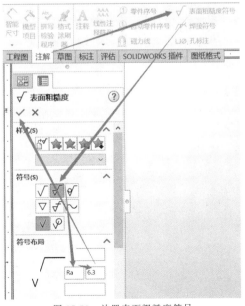

图 17-59　放置表面粗糙度符号

17.2.7 添加技术要求 //

单击【注解】工具栏上的【注释】按钮,在图形区域中单击以放置注释。输入技术要求,例如,"技术要求 1. 热处理调质,230～250HB。2. 未注倒角 $C2$,未注圆角 $R10$。3. 清除毛刺。"

专家提示:文字内容较多时,可将文字在 Word 等文字处理软件中编辑后,再复制到工程图中。

17.2.8 填写标题栏 ///

"单位名称"等信息用一般注释直接填写。"图样名称""图样代号"等信息,可通过修改模型的属性填写。具体步骤:右击设计树中的【工程图视图 1】,在弹出的快捷菜单中选择【打开零件(装饰螺纹线)】命令,在模型编辑环境中,依次选择【文件】→【属性】命令,然后在【摘要信息】对话框的【自定义】选项卡中修改相应链接,单击【确定】按钮,如图 17-60所示。

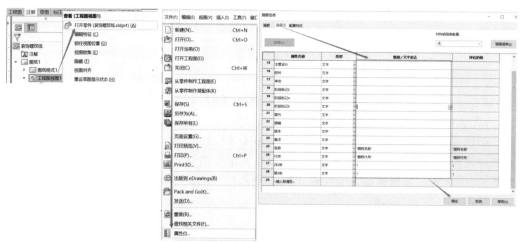

图 17-60　填写标题栏

实例 18

轴类零件图创建

本例创建如图 18-1 所示的轴类零件图。重点掌握轴类零件图的创建过程以及创建移出断面图、局部放大图和断裂视图的方法;学会正确标注键槽类尺寸及其公差。

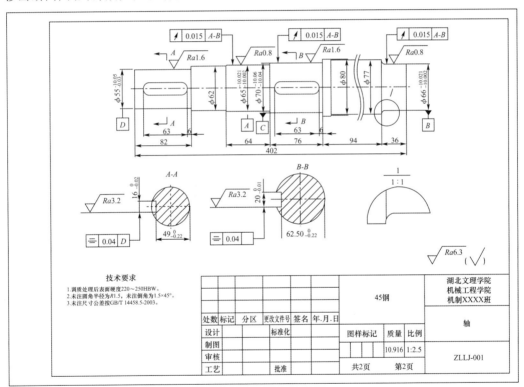

图 18-1　轴类零件图

18.1 ▲ 创建视图

18.1.1　打开模型选用 GB 工程图模板 ///

打开"实例 18"目录下的"轴.SLDPRT"。

轴类零件图创建

单击【标准】工具栏上的【新建】按钮,在弹出的【新建 SolidWorks 文件】对话框中选择
【GB 工程图模板】中的【A4 横放】,然后单击【确定】按钮。

新工程图出现在图形区域中,且出现【模型视图】对话框。

18.1.2　生成主视图 //

在【模型视图】对话框中,执行下列操作:在【要插入的零件/装配体】选项组中,选择
【轴】选项。单击【下一步】按钮,在【方向】选项组中,单击【标准视图】中的【前视】,勾选【预
览】复选框,在图形区域中显示预览。将指针移到图形区域,并显示前视图的预览。单击
将前视图作为工程视图 1 放置,单击【确定】按钮。

18.1.3　设定比例 //

右击【图纸格式 1】,在弹出的快捷菜单中选择【属性】命令,在【图纸属性】对话框中将
【比例】设为 1∶2.5,单击【应用更改】按钮。

18.1.4　生成移出剖面视图 //

单击【工程图】工具栏中的【剖面视图】按钮;将指针移动到联轴器键槽截面处,单击绘
制剖切线;将指针移到右面并单击放置视图,如图 18-2 所示;在【剖面视图】对话框中勾选
【横截剖面】复选框,单击【确定】按钮。

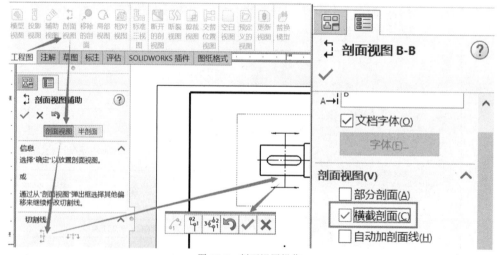

图 18-2　剖面视图操作

如图 18-3 所示,在设计树中右击【剖面视图 B-B】,在弹出的快捷菜单中依次选择【视
图对齐】→【解除对齐关系】命令,然后,将剖面视图移到恰当位置。

重复上述操作,生成大齿轮键槽截面处的端键槽。

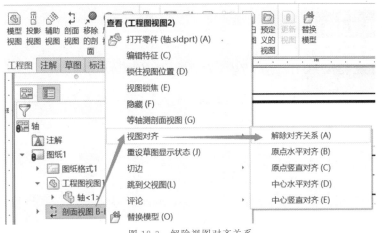

图 18-3　解除视图对齐关系

18.1.5　生成断裂视图

单击【工程图】工具栏中的【断裂视图】按钮,单击轴的主视图;如图 18-4 所示,在【断裂视图】对话框中,设置【切除方向】为【添加竖直折断线】,【缝隙大小】为 2 mm,【折断线样式】为【曲线切断】;在断裂起始处单击,然后在断裂结束处单击,插入断裂线;单击【确定】按钮。

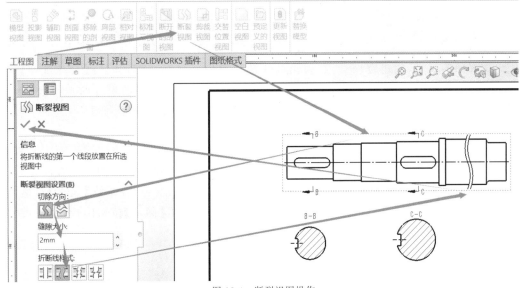

图 18-4　断裂视图操作

18.1.6　生成局部视图

单击【工程图】工具栏中的【局部视图】按钮,在轴右侧圆角过渡处绘制草图圆;在【局部视图】对话框中选中【使用自定义比例】单选按钮,并设为 1∶1;在合适位置放置局部视图,单击【确定】按钮完成视图生成。单击【标准】工具栏上的【保存】按钮,保存【轴工作图】。

18.2 标注尺寸

18.2.1 标注驱动尺寸 //

单击【注解】工具栏上的【模型项目】按钮,勾选【将项目输入到所有视图】复选框,单击【确定】按钮,如图 18-5 所示。

图 18-5　将项目输入到所有视图

18.2.2 调整驱动尺寸 //

选择所有尺寸,右击空白处,在弹出的快捷菜单中依次选择【对齐】→【自动排列】命令,单击【确定】按钮;手工拖动位置不恰当的尺寸,在视图之间移动尺寸时按下【Shift】键。删除不恰当的尺寸,单击【注解】工具栏中的【智能尺寸】按钮,重新标注。

18.2.3 正确标注键槽尺寸 //

对于键槽尺寸,系统自动标注的尺寸有 16、6 和 27.50 三个。正确的标注方法是,删除尺寸 6 和 27.50;用智能尺寸标注键槽底部到圆心的尺寸 21.50,然后在【尺寸】对话框的【引线】选项卡中选择【第一圆弧条件】为【最大】。然后单击【确定】按钮图标,完成尺寸标注,如图 18-6 所示。

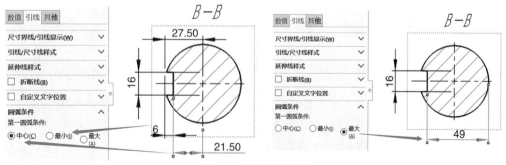

图 18-6　标注键槽尺寸

18.2.4　标注尺寸公差 //

　　单击轴左端直径尺寸 $\phi55$，在【尺寸】对话框的【公差/精度】选项组中选择【双边】，设置【上偏差值】为 0.05，【下偏差值】为 -0.03，基本尺寸保留小数数字为【无】(无小数位)，保留小数数字为 0.12(保留 2 位小数)，【其他】选项卡中的【公差字体大小】设置【字体比例】为 0.7。

　　重复上述步骤标注其他尺寸的公差。

　　专家提示：下偏差如果是正值，标注时应该在下面一栏的数字前面输入一个"＋"。

图 18-7　直径符号

　　专家提示：直径符号是靠图 18-7 所示的方框内的"＜MOD-DIAM＞"表示的，删除"＜MOD-DIAM＞"则不显示直径符号；增加一个"＜MOD-DIAM＞"则会增加一个直径符号。

　　专家提示：SolidWorks 中的直径符号并非字符，而是图形，只能改变大小无法更改样式。如要更改，需要使用输入法的软键盘输入相应符号，替换掉"＜MOD-DIAM＞"。

18.3　添加其他注解

18.3.1　添加中心符号线和中心线 //

　　单击【注解】工具栏中的【中心符号线】按钮，在视图中的圆线上单击【确定】按钮；单击【注解】工具栏中的【中心线】按钮，在视图中移动指针到需要添加中心线的一条边线处单击，再在中心线所在一侧单击，生成贯穿整个视图的中心线，单击【确定】按钮；拖动【中心线】和【中心符号线】的控制点调整其长度。

18.3.2　插入粗糙度符号 //

　　单击【注解】工具栏中的【表面粗糙度】按钮，在【表面粗糙度】对话框中的【符号】选项组中单击【要求切削加工】；在【符号布局】选项组中输入粗糙度数值 $Ra1.6$，然后在图形区域中单击对应部位，调整位置后单击【确定】按钮。同理，标注其他位置的粗糙度。选中【当地】，并在左、右最下框中输入"()"，然后，在标题栏上方空白处标注。

18.3.3　插入基准特征符号和几何公差符号 //

　　单击【注解】工具栏中的【基准特征】按钮，在【基准特征】对话框中取消选择【使用文件样式】,并依次单击【方形】和【实三角】。在图形区中对应部位放置基准符号,单击【确定】按钮。

单击【注解】工具栏中的【形位公差】按钮。在【形位公差】选项卡中,第一行的【符号】中选择【圆跳动】,设置【公差1】为0.015,设置【主要】为A-B。在图形区中单击轴颈等部位移动指针以放置几何公差符号,单击【确定】按钮完成几何公差的标注。同理,标注其他位置的几何公差。

18.3.4　添加技术要求 //

放大显示工程图的左下角,单击【注解】工具栏中的【注释】按钮。在图形区中单击以放置注释。输入以下内容:"技术要求1.调质处理后表面硬度220～250 HBW;2.未注圆角半径为$R1.5$;未注倒角为$1.5 \times 45°$;3.未注尺寸公差按GB/T 4458.5—2003。"。单击【保存】按钮。

18.3.5　填写标题栏 //

一般注释:右击图纸空白区域,在弹出的快捷菜单中选择【编辑图纸格式】命令进入图纸格式编辑环境,输入"单位名称"等一般注释内容。然后,右击图纸空白区域,在弹出的快捷菜单中选择【编辑图纸】命令返回图纸格式编辑环境。

链接注释:在设计树中右击工程图,在弹出的快捷菜单中选择【打开零件(轴.SLDPRT)】命令;依次选择【文件】→【属性】命令,切换到【自定义】,分别在属性名称中的【名称】、【代号】和【材料】的数值/表达式中输入图纸名称【轴工作图】、图纸代号【ZLLJ-001】和零件材料【45钢】,单击【确定】按钮。单击【保存】按钮。

18.4　输出图纸

18.4.1　打印工程图 //

依次选择【文件】→【打印】命令,弹出【打印】对话框。单击【页面设置】按钮,在【页面设置】对话框的【比例和分辨率】选项组中,单击【调整比例以套合】选项,单击【确定】按钮。在【打印】对话框的【打印范围】选项组中,选择【所有图纸】选项,单击【确定】按钮。

18.4.2　另存为PDF格式工程图 //

单击【标准】工具栏上的【另存为】按钮,选择【*.pdf】格式,保存为【轴零件图.pdf】

实例 19

盘类-齿轮零件图创建

本例创建如图 19-1 所示的盘类-齿轮零件图。重点掌握盘类零件图的创建过程，以及齿轮简化画法表达（配置）、啮合特性表的插入；巩固全剖视图、裁剪视图。

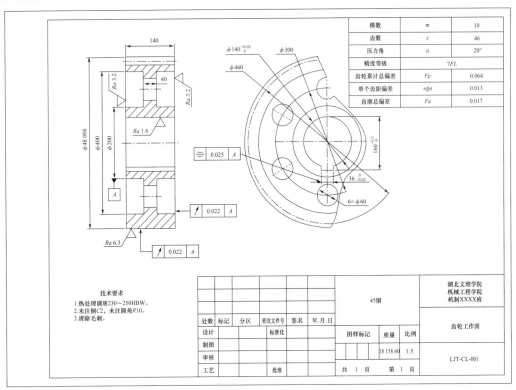

模数	m	10
齿数	z	46
压力角	a	20°
精度等级		7FL
齿轮累计总偏差	Fp	0.064
单个齿距偏差	±fpt	0.013
齿廓总偏差	Fa	0.017

技术要求
1. 热处理调质230~250HBW。
2. 未注倒角C2, 未注圆角R10。
3. 清除毛刺。

湖北文理学院 机械工程学院 机制XXXX班								
			45钢					
								齿轮工作图
处数	标记	分区	更改文件号	签名	年.月.日			
设计			标准化			图样标记	质量	比例
制图								
审核							18 158.60	1:5	LJT-CL-001
工艺			批准			共 1 页	第 1 页	

图 19-1　齿轮工作图

19.1 ▲ 绘图前准备

盘类-齿轮零件图创建

19.1.1　添加工程图配置 //////////////////////

打开"实例 19"目录下的"齿轮. SLDPRT"

右击特征树中的【阵列齿槽】特征,在弹出的快捷菜单中选择【配置特征】命令,如图 19-2 所示。

图 19-2　启动【配置特征】命令

在弹出的【修改配置】对话框中添加【工程图配置】,选中【压缩】复选框,单击【确定】按钮,如图 19-3 所示。单击【标准】工具栏上的【保存】按钮。

图 19-3　设置【修改配置】对话框

专家提示 1:配置可以在单一的文件中对零件或装配体生成多个设计变化。配置提供了简便的方法来开发与管理一组有着不同尺寸、零部件或其他参数的模型。要生成一个配置,应先指定名称与属性,然后再根据需要来修改模型以生成不同的设计变化。在零件文档中,配置可以生成具有不同尺寸、特征和属性(包括自定义属性)的零件系列。在装配体文件中,配置可以生成:通过压缩零部件的简化设计;使用不同的零部件配置、不同的装配体特征参数、不同的尺寸或配置特定的自定义属性的装配体系列。在工程图文档中,可显示在零件和装配体文档中所生成的配置的视图。

专家提示 2:某 X 装配体由 a+b+c 三个零件组成,A 装配体需要 X 装配体的 a+b,B 装配体需要 X 装配体的 a+c。这里就有两种配置,通过不同的配置可以设置不同的显示状态,此时就要用到压缩,因为压缩的零件在部件明细表里是没有的,而隐藏的零件在部件明细表里是有的。压缩就是把这个零件暂时去掉了,如果是在装配体中,压缩后可以继续编辑其他零部件,比如一个螺孔装有一个螺栓,可以把该螺栓压缩,此时不可见,把其他螺栓再和该螺孔装配。或者查看装配体的其他信息时,有零件挡住了视线,可以将之暂时压缩(当然也可以隐藏),之后再解除压缩。单个零件也可以压缩某个特征,十分方便。压缩相当于取消了这个零件的显示,以及和其他零件的装配关系,可以认为不存在,但是又随时可以出现。压缩和隐藏不同,隐藏只是不显示,但是装配关系都还存在。

19.1.2　设定标题栏属性

如图 19-4 所示,依次选择【文件】→【属性】命令;在弹出的【摘要信息】对话框中,选择【自定义】选项卡,在【属性名称】中输入"Material"和"Weight",在对应的【数值/文字表达】中输入"SW-Material@齿轮. SLDPRT"和"SW-Mass@齿轮. SLDPRT";在【属性名称】文本框中输入"名称""代号""材料",在对应的【数值/文字表达】文本框中输入图纸名称"齿轮工作图"、图纸代号"LJT_CL_001"和零件材料"45 钢",单击【确定】按钮。单击【标准】工具栏上的【保存】按钮。

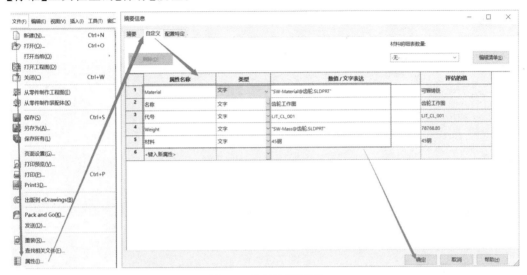

图 19-4　设置标题栏属性

19.2　创建视图

19.2.1　打开工程图模板 //

单击【标准】工具栏上的【新建】按钮,在弹出的【新建 SolidWorks 文件】对话框中选择【GB 工程图模板】中的【A4 横放】,单击【确定】按钮;打开新工程图,且弹出【模型视图】对话框。

19.2.2　生成主视图和左视图 //

如图 19-5 所示,在【模型视图】的【要插入的零件/装配体】选项组中,选择【齿轮】选项;单击【下一步】按钮;选择【参考配置】为【工程图配置】;在【方向】选项组中,单击【标准视图】下的【前视】按钮,勾选【预览】复选框,在图形区域中显示预览。将指针移到图形区域,显示前视图的预览,单击放置前视图,移动鼠标到前视图右侧并单击生成左视图,单击【确定】按钮。

专家提示:如果【参考配置】选择【默认】,生成的工程图会显示全部齿形,如图 19-6 所示;与国家标准规定的"如需表明齿形,可在图形中用粗实线画出一个或两个齿;或用适当比例的局部放大图表示"不符。

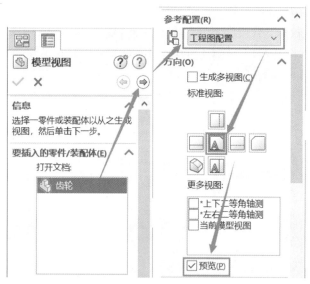

图 19-5 【模型视图】设置

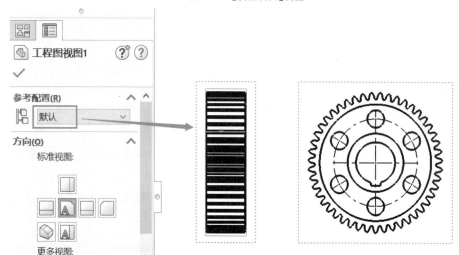

图 19-6 【参考配置】选择【默认】

19.2.3 设定比例 //

右击【图纸格式 1】，在弹出的快捷菜单中选择【属性】命令；在【图纸属性】对话框中将【比例】设为 1:5，并单击【应用更改】按钮。

19.2.4 添加局部剖视图 //

单击【草图】和【草图绘制】工具进入草图绘制环境，单击【样条曲线】按钮，用【样条曲线】在前视图上绘制剖切区域草图，如图 19-7 所示。

单击【工程图】工具栏上的【断开的剖视图】按钮，在左视图中单击一条圆线（例如齿顶圆）确定剖切位置，单击【确定】按钮。可在设计树中右击【断开的剖视图 1】，在弹出的快捷菜单中选择【编辑草图】命令，调整剖切范围，如图 19-8 所示。

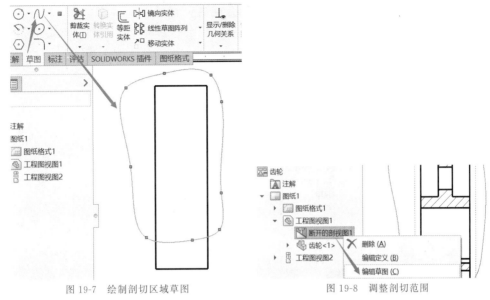

图 19-7 绘制剖切区域草图　　　　　　　　　　　　图 19-8 调整剖切范围

专家提示：齿轮的主视图一般采用全剖视图。

19.2.5 裁剪左视图

选择要裁剪的视图，单击【草图】和【草图绘制】工具进入草图绘制环境，单击【样条曲线】按钮，用【样条曲线】在左视图上绘制要保留部分的封闭区域草图，如图 19-9 所示，单击【确定】按钮。单击【工程图】工具栏上的【剪裁视图】按钮，生成剪裁视图。

专家提示 1：一定要先"选择要裁剪的视图"，再画"要保留部分的封闭区域草图"。

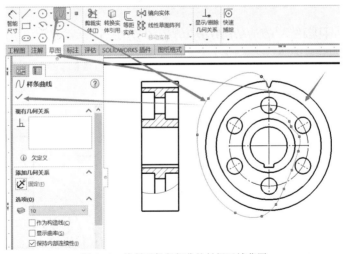

图 19-9 绘制要保留部分的封闭区域草图

专家提示 2：剪裁视图显示的有【剪裁】符号，如图 19-10 所示；如果显示的是剪裁视图，却没有显示剪裁后的结果，可以通过右击该视图，在弹出的快捷菜单中依次选择【剪裁视图】→【编辑剪裁视图】，使其显示出来。

163

图 19-10　编辑剪裁视图

19.3 添加注解

19.3.1 标注尺寸

单击【注解】工具栏上的【智能尺寸】按钮,标注键槽宽度,在【尺寸】对话框的【公差/精度】选项组中选择【双边】选项,设上偏差为"0.00"、下偏差为"－0.04",尺寸偏差保留小数为 0.12(保留两位小数);单击【其他】标签,选中【字体比例】单选按钮,并在其后的文本框中输入"0.7"。同理,标注其他尺寸。

标注辐板孔直径,在【标注尺寸文字】选项组的文本框中输入"6×",单击【确定】按钮。

19.3.2 添加中心线

如图 19-11 所示,依次单击【注解】→【中心线】按钮,勾选【选择视图】复选框,单击【主视图】,单击【确定】按钮,添加三处中心线。

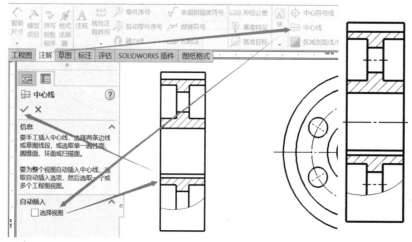

图 19-11　添加三处中心线

依次单击【注解】→【中心线】按钮；直接单击"齿顶线"和"齿根线"，单击【确定】按钮，添加分度圆，如图 19-12 所示。单击【标准】工具栏上的【保存】按钮。

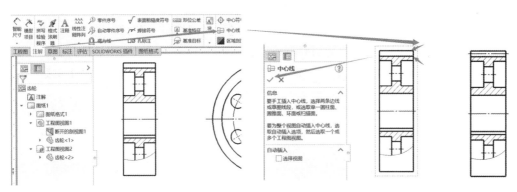

图 19-12　添加分度圆

19.3.3　插入粗糙度符号 ///

单击【注解】工具栏上的【表面粗糙度符号】按钮。在【表面粗糙度】对话框的【符号】选项组中单击【要求切削加工】，在【符号布局】选项组中输入粗糙度数值"$Ra6.3$"，在图形区域中单击主视图齿顶圆。单击【确定】按钮。同理，标注其他位置的粗糙度。

19.3.4　插入基准特征符号和几何公差符号 /////////////////////////////////////

单击【注解】工具栏上的【基准特征】按钮，在【基准特征】对话框中依次单击【方形】→【实三角板】，在图形区域 $\phi200$ 一端移动指针，将引线放置在与 $\phi200$ 对齐的位置，单击【确定】按钮。

单击【注解】工具栏上的【形位公差】按钮，在【形位公差】对话框中，设【符号】为"圆跳动"，设【公差 1】为"0.022"，设【主要】为"A"，在图形区域中单击主视图齿顶圆移动指针以放置几何公差符号，单击【确定】按钮完成圆周跳动标注。同理，标注其他位置的几何公差。

19.3.5　添加技术要求 //

放大显示工程图图纸的左下角，单击【注解】工具栏上的【注释】按钮，在图形区域中单击以放置注释。输入以下内容："技术要求 1. 热处理调质，230～250 HBW。2. 未注倒角 $C2$，未注圆角 $R10$。3. 清除毛刺。"（可在 Word 中输入，再复制粘贴）。选择所有注释文字，在【格式化】工具栏上，设置【字高】为"3.5 mm"。选择"技术要求"，设置其字高为"5 mm"；然后按几下空格键，使"技术要求"大致处于居中的位置上；单击【标准】工具栏上的【保存】按钮。

19.3.6　插入啮合特性表 //

在 Excel 中编辑"啮合特性表"并保存，复制啮合参数区域后，在 SolidWorks 中依次选择【编辑】→【粘贴】命令，将 Excel 中编辑的"啮合特性表"粘贴到工程图中，并拖动放置到右上角。

专家提示:粘贴前,设置好字体为"长仿宋字",字母和数字为"斜体"。

19.3.7 填写标题栏 //

右击图纸空白区域,在弹出的快捷菜单中选择【编辑图纸格式】命令,进入图纸格式编辑环境,输入"单位名称"等内容。具体操作步骤如图 19-13 所示。右击图纸空白区,在弹出的快捷菜单中选择【编辑图纸】命令,返回图纸编辑环境,单击【标准】工具栏上的【保存】按钮,完成工作图设计全部内容。

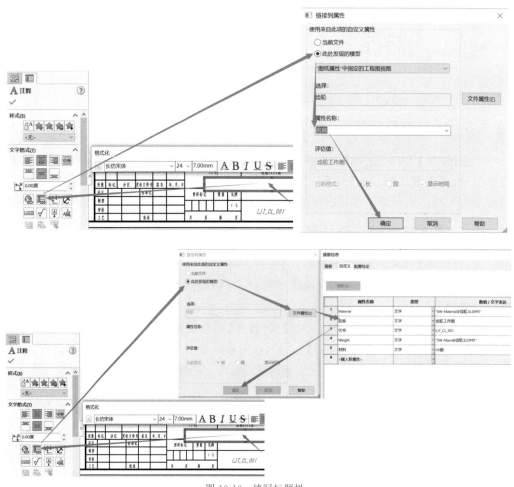

图 19-13　填写标题栏

实例 20

弹簧工作图创建

本例创建如图 20-1 所示的弹簧工作图。重点掌握弹簧零件图的创建过程；熟练绘制负荷-变形图；熟知弹簧零件图的技术要求，包括旋向、有效圈数、总圈数、刚度、热处理方法及硬度要求。

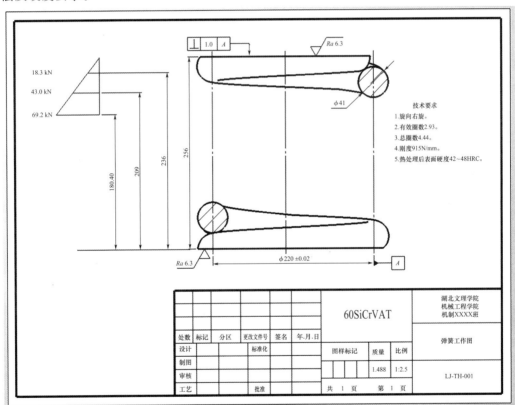

图 20-1　弹簧工作图

20.1 ▲ 绘图准备

20.1.1　添加分割特征 //

打开"实例 20"目录下的"弹簧.SLDPRT"。

弹簧工作图创建

在左侧的设计树中选择【右视基准面】，单击【草图】和【草图绘制】工具；如图 20-2 所示，在弹簧中心绘制一条与其等高的竖线。

图 20-2　在弹簧中心绘制一条与其等高的竖线

如图 20-3 所示，依次选择【插入】→【特征】→【分割】命令，在【分割】对话框中设置【剪裁工具】为"草图 15"，单击图形区域需要去除的中间部分，勾选【消耗切除实体】复选框，单击【确定】按钮，分割结果如图 20-4 所示。

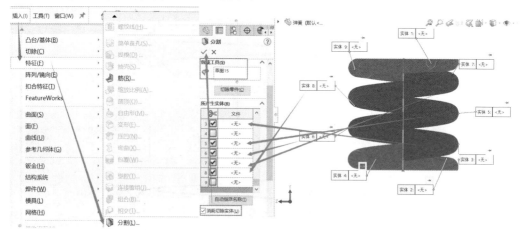

图 20-3　【分割】命令的启动及操作设置

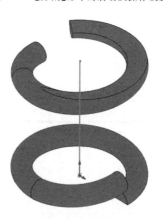

图 20-4　分割结果

专家提示:因为弹簧的工作图不需要中间部分，所以要进行分割。

20.1.2　添加配置 ///

右击特征树中的【分割 3】特征,在弹出的快捷菜单中选择【配置特征】命令,在图 20-5 所示的【修改配置】对话框中添加【工图配置】,并取消勾选【压缩】复选框,单击【确定】按钮。单击【保存】按钮。

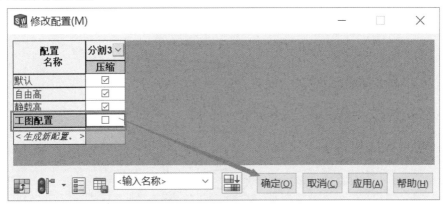

图 20-5　【修改配置】对话框

20.1.3　设定链接属性 ///

依次选择【文件】→【属性】命令,切换到【自定义】选项卡,更改【材料】为"60SiCrVAT",图纸名称为"弹簧工作图",图纸代号为"LJ_TH_001",单击【确定】按钮。单击【保存】按钮。

20.2　生成主视图

20.2.1　打开工程图模板 ///

单击【标准】工具栏上的【新建】按钮,在弹出的【新建 SolidWorks 文件】对话框中选择【GB 工程图模板】中的【A4 横放】,然后单击【确定】按钮。新的工程图出现在图形区域中,且弹出【模型视图】对话框。

20.2.2　生成主视图 ///

如图 20-6 所示,在【模型视图】的【要插入的零件/装配体】选项组中,选择【弹簧】选项。单击【下一步】按钮,选择【参考配置】为【工图配置】;在【方向】选项组中,单击【标准视图】下的【后视】,勾选【预览】复选框,在图形区域中显示预览。将指针移到图形区域,并显示后视图的预览。单击以将前视图作为工程视图 1 放置,单击【确定】按钮。

20.2.3　设定比例 ///

在属性管理器中右击【图纸格式 1】,在弹出的快捷菜单中选择【属性】选项;在弹出的【图纸属性】对话框中将【比例】设置为 1:2.5,单击【应用更改】按钮。

20.2.4　隐藏边线 ///

如图 20-7 所示，单击簧条上半部的过渡线，在弹出的工具栏上单击"隐藏/显示边线"按钮。重复同样的操作，隐藏另一端的过渡线。

图 20-6　模型视图相关操作

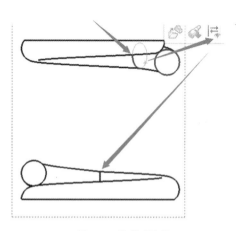

图 20-7　隐藏过渡线

20.3　添加注解

20.3.1　添加剖面线 ///

单击【注解】工具栏上的【区域剖面线/填充】按钮，如图 20-8 所示，在【区域剖面线/填充】对话框中设置剖面线图样比例为"0.25"，在【加剖面线的区域】选项组中选中【边界】单选按钮，在视图区域单击两簧条截面边线。单击【确定】按钮。

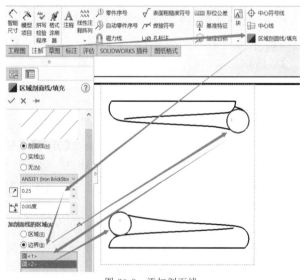

图 20-8　添加剖面线

170

20.3.2　添加中心线 ///

　　单击【草图】进入草图绘制环境,用【直线】【中心线】工具绘制弹簧中心线和簧条圆中心线,如图 20-9 所示。

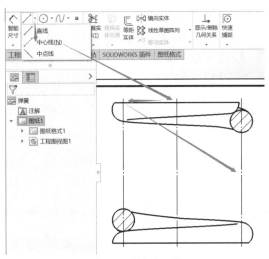

图 20-9　添加中心线

20.3.3　标注尺寸 //

　　单击【注解】工具栏上的【智能尺寸】按钮,如图 20-10 所示,分别标注弹簧的自由高256、簧条直径 $\phi41$ 和弹簧中径 $\phi220$。选中弹簧中径,在【公差/精度】选项组中设置:对称,上、下偏差为"±0.02",基本尺寸保留小数数字为"无"(无小数位),偏差为保留小数数字为 0.12(保留两位小数),单击【确定】按钮完成尺寸标注。

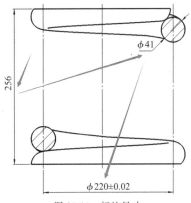

图 20-10　标注尺寸

20.3.4　插入表面粗糙度符号 ///

　　单击【注解】工具栏上的【表面粗糙度符号】按钮。在【表面粗糙度】对话框的【符号】选项组中单击【要求切削加工】,在【符号布局】中输入粗糙度数值"$Ra6.3$",在图形区域中单击弹簧两端面,单击【确定】按钮。

20.3.5　插入基准特征符号和几何公差符号 ///

单击【注解】工具栏上的【基准特征】按钮,在【基准特征】对话框中取消选择【使用文件样式】,并依次单击【方形】和【三角板】,在图形区域弹簧中径附近移动指针,并单击放置基准符号,单击【确定】按钮。

单击【注解】工具栏上的【形位公差】按钮,在【形位公差】选项卡中,在第一行的【符号】中选择垂直度,设【公差 1】为"1.0",设【主要】为"A",在图形区域中单击弹簧端面移动指针以放置几何公差符号,单击【确定】按钮。

20.3.6　添加技术要求 //

单击【注解】工具栏上的【注释】按钮,在图形区域中单击以放置注释。输入以下内容:"技术要求 1.旋向右旋。2.有效圈数 2.93。3.总圈数 4.44。4.刚度 915 N/mm。5.热处理后表面硬度 42～48 HRC。"

20.3.7　绘制弹簧负荷-变形图 ///

单击【草图】按钮进入草图绘制环境,用直线工具绘制弹簧负荷-变形图。

20.3.8　填写标题栏 //

右击图纸空白区域,在弹出的快捷菜单中选择【编辑图纸格式】,然后输入"单位名称"等内容。选择【名称】,单击【链接到属性】,在对话框中选择【此处发现的模型】,在【属性名称】下拉菜单中选择【名称】。右击图纸空白区域,在弹出的快捷菜单中选择【编辑图纸】返回图纸编辑环境。保存并关闭模型文件,返回工程图环境,查看标题栏中"图样名称"和"图样代号"的相应改变。

同样,可以选择【代号】,将代号变为"LJ_TH_001"。

172

实例 21

螺栓联接装配图与拆装图的创建

本例创建如图 21-1 所示的螺栓联接装配图和如图 21-2 所示的螺栓联接拆装图。重点掌握螺栓联接装配图的创建过程;能够合理添加配置;熟悉拆装图的创建。

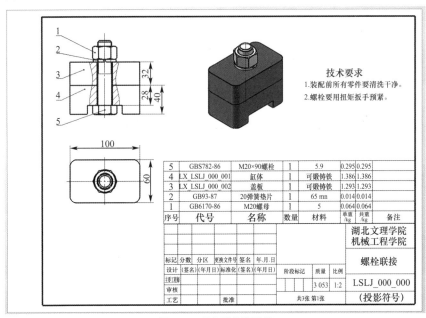

5	GBS782-86	M20×90螺栓	1	5.9	0.295	0.295	
4	LX_LSLJ_000_001	缸体	1	可锻铸铁	1.386	1.386	
3	LX_LSLJ_000_002	盖板	1	可锻铸铁	1.293	1.293	
2	GB93-87	20弹簧垫片	1	65 mn	0.014	0.014	
1	GB6170-86	M20螺母	1	5	0.064	0.064	
序号	代号	名称	数量	材料	单重/kg	共重/kg	备注

图 21-1　螺栓联接装配图

图 21-2　螺栓联接拆装图

21.1 ▲ 螺栓联接装配图的创建

21.1.1 生成视图 ///

21.1.1.1 打开工程图模板

单击【标准】工具栏上的【新建】按钮,在弹出的【新建 SolidWorks 文件】对话框中选择【GB 工程图模板】中的【A4 横放】,单击【确定】按钮。新的工程图出现在图形区域中,且弹出【模型视图】对话框。

21.1.1.2 生成基本视图

在【模型视图】对话框的【要插入的零件/装配体】选项组中,单击【浏览】按钮,打开"实例 21"目录下的"螺栓联接.SLDASM"。单击【打开】按钮,在【方向】选项组中,单击【标准视图】下的【前视】,勾选【预览】复选框,在图形区域中显示预览。将指针移到图形区域,显示前视图的预览。单击放置前视图,移动鼠标到前视图下方,单击生成俯视图,再向主视图左上方移动鼠标,单击生成轴测图,单击【确定】按钮,拖动各视图,使其在图纸中合理布局。

21.1.1.3 添加局部剖视图

单击【草图】按钮,进入草图绘制环境,如图 21-3 所示,用【样条曲线】工具在主视图上绘制剖切区域草图,单击【确定】按钮。

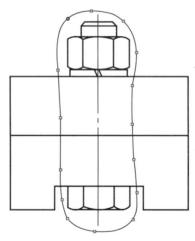

图 21-3 绘制剖切区域草图

依次单击【工程图】→【断开的剖视图】,弹出【剖面视图】对话框,如图 21-4 所示,在主视图上单击选择不剖切的零件:螺母、垫片和螺栓,单击【确定】按钮;在俯视图中单击圆线确定剖切位置,单击【确定】按钮,生成局部剖视图,如图 21-5 所示。

21.1.1.4 渲染轴测图

如图 21-6 所示,单击【轴测图】,在【视图】工具栏中单击【带边线上色】按钮,单击【确定】按钮,完成轴测图渲染。

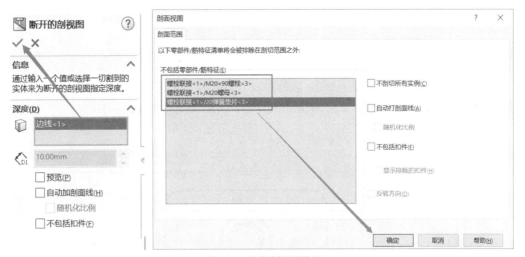

图 21-4　局部剖视图设置

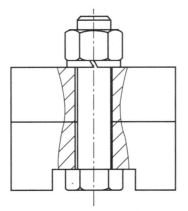

图 21-5　生成的局部剖视图

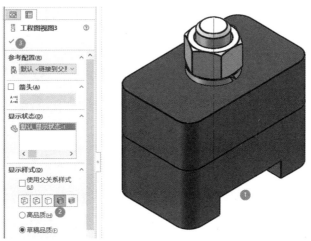

图 21-6　渲染轴测图

175

21.1.2　添加注解 ///

21.1.2.1　添加中心线和中心符号线

在【注解】工具栏中单击【中心线】按钮,在主视图上单击"螺栓母线"添加中心线;单击【中心符号线】按钮,在俯视图上单击"螺栓圆线"添加中心符号线,拖动中心线和中心符号线的控制点调整其长度,如图 21-7 所示。单击【标准】工具栏上的【保存】按钮。

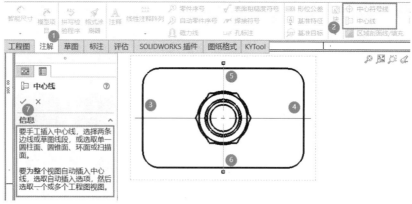

图 21-7　添加中心线和中心符号线

21.1.2.2　显示装饰螺纹线

插入装饰螺纹线:右击【M20×90 螺栓】选项,单击【打开零件(m20×90 螺栓.sldprt)】,依次选择【插入】→【注解】→【装饰螺旋线】命令,如图 21-8 所示,依次单击"螺栓端面圆线"和"顶面",设置【标准】为【GB】,【大小】为【M20】,方式为【给定深度】,深度值设为"45.00 mm",单击【确定】按钮;单击【标准】工具栏上的【保存】按钮。

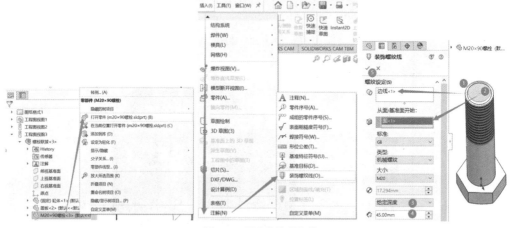

图 21-8　插入装饰螺旋线

显示装饰螺纹线:单击【注解】工具栏中的【模型项目】按钮,如图 21-9 所示,单击视图中的"螺栓",选择【注解】下面的【装饰螺纹线】选项,单击【确定】按钮。

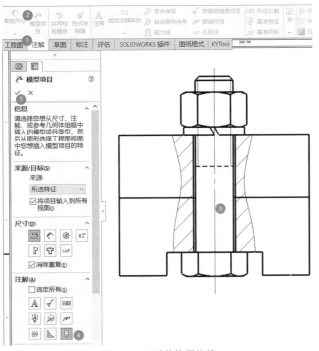

图 21-9　显示装饰螺纹线

依次单击【工具】→【选项】命令或者直接单击【选项】按钮，如图 21-10 所示；在【选项】对话框中依次单击【文档属性】→【线型】→【装饰螺纹线】→【实线】命令，单击【确定】按钮。

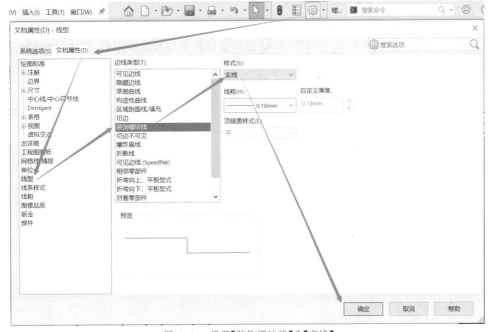

图 21-10　设置【装饰螺纹线】为【实线】

专家提示：设置【装饰螺纹线】为【实线】后，螺纹终止线由虚线变成了实线。

21.1.2.3 标注尺寸

单击【注解】工具栏上的【智能尺寸】按钮,标注缸体凸缘和盖板的厚度及螺栓的位置,如图 21-11 所示。

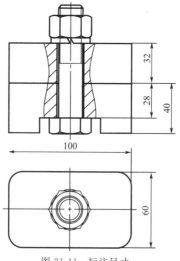

图 21-11 标注尺寸

21.1.2.4 插入明细栏

单击主视图,依次选择【插入】→【表格】→【材料明细表】命令或依次单击【注解】→【表格】→【材料明细表】命令,在【材料明细表】对话框的【表格模板】右下角,单击【为材料明细表打开表格模板】按钮,弹出【打开】对话框,找到"实例 21"目录下的【GB 材料明细表模板】,单击【材料明细表】,单击【打开】按钮,返回【材料明细表】对话框,取消勾选【附加到定位点】复选框,单击【确定】按钮,如图 21-12 所示。捕捉标题栏右上角放置明细栏,单击【保存】按钮。

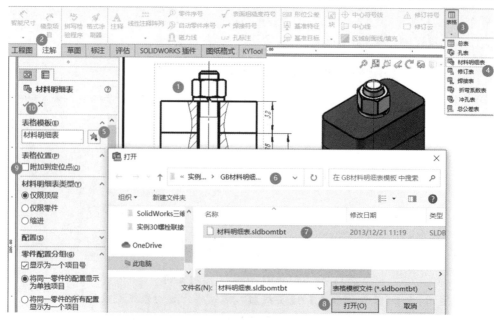

图 21-12 插入明细栏

专家提示:如果不单击【为材料明细表打开表格模板】按钮,而直接单击【确定】按钮,也能插入材料明细表,只是不符合我国的制图标准。

21.1.2.5 插入自动零件序号

单击主视图,单击【注解】工具栏上的【自动零件序号】按钮,选择【按序排列】选项,【阵列类型】设定为【布置零件序号到左】,【引线附加点】选中【面】单选按钮,单击【确定】按钮,如图 21-13 所示。

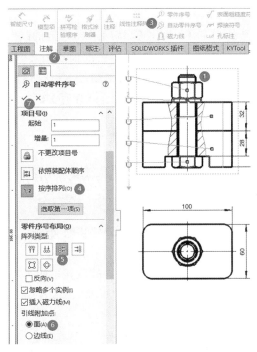

图 21-13　插入自动零件序号

21.1.2.6 填写标题栏

右击图纸空白区域,在弹出的快捷菜单中选择【编辑图纸格式】命令进入图纸格式编辑环境,输入"单位名称"等内容。然后,右击图纸空白区域,在弹出的快捷菜单中选择【编辑图纸】命令返回图纸编辑环境,单击【保存】按钮。

专家提示:要想编辑标题栏中的值,不要直接双击;双击能修改,但是字体会发生改变。要保持字体不变,就应该在"想要编辑的值(如可锻铸铁)"上右击,在弹出的快捷菜单上选择【编辑多个属性值】选项,单击【是】按钮;输入变化后的值,单击【确定】按钮,如图 21-14 所示。

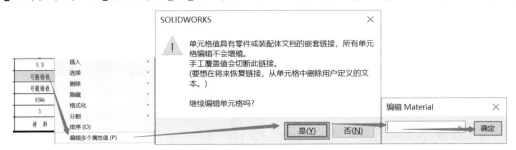

图 21-14　正确编辑标题栏中的值

21.1.2.7 设定链接属性

单击设计树中【工程视图 1】前面的倒三角以展开设计树,右击【螺栓联接】选项,在弹出的快捷菜单中选择【打开装配体】命令,依次选择【文件】→【属性】命令,单击【自定义】选项卡,在【属性名称】中【代号】对应的【数值/文字表达】一栏中输入"LSLJ_000_000";在【名称】对应的【数值/文字表达】一栏输入【"螺栓联接";同样的,【共 X 张】输入"3",【第 X 张】输入"1",单击【确定】按钮。单击【标准】工具栏上的【保存】按钮,切换回工程图环境。

21.1.2.8 添加技术要求

放大显示工程图图纸的右上角。单击【注解】工具栏上的【注释】按钮,在图形区域中单击以放置注释。输入以下内容:"技术要求 1.装配前所有零件要清洗干净。2.螺栓要用扭矩扳手预紧。"(可在 Word 中输入,再复制粘贴)。选择所有注释文字,在【格式化】工具栏上,选择【字号】为 14。单击【标准】工具栏上的【保存】按钮。

21.2 螺栓联接拆装图的创建

21.2.1 生成螺栓联接解体模型 //

螺栓联接拆
装图的创建

21.2.1.1 打开装配文件

打开"实例 21"目录下的"螺栓联接.SLDASM"装配文件。

21.2.1.2 添加配置

单击【装配】设计树上的【配置】标签,右击【螺栓联接配置】,在弹出的快捷菜单中选择【添加配置】,如图 21-15 所示;输入配置名称为"拆卸",单击【确定】按钮。

图 21-15 添加配置

专家提示:添加成功后,在配置中可以看到"拆卸[螺栓联接]"。

21.2.1.3 螺栓联接解体

单击【装配体】工具栏中的【爆炸视图】按钮,如图 21-16 所示,在图形区域中单击"螺母",选择操纵杆控标的 Y 轴,向上移动 Y 轴,输入爆炸距离为"100 mm",单击【完成】按钮完成"螺母"拆卸。

专家提示:此处单击的是【完成】按钮,而不是【确定】按钮。

重复上述步骤,完成其他零件的拆卸,其中各零件的爆炸距离分别为:垫片 50 mm、盖板 30 mm、螺栓-120 mm。单击【确定】按钮完成【螺栓联接】的拆卸。【螺栓联接】解体结果如图 21-17 所示。

专家提示:只要 Y 轴向下移动了,螺栓的-120 mm,输入的仍然是 120 mm;如果 Y 轴向下移动了,再输入-120 mm,反而是向上移动 120 mm。

专家提示1:所有需要拆卸的零件都"完成"爆炸后,再单击【确定】按钮。

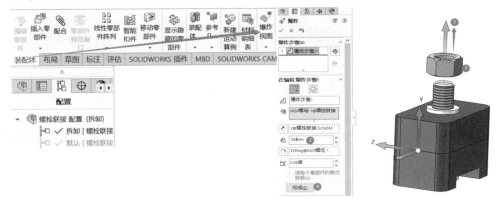

图 21-16　爆炸"螺母"

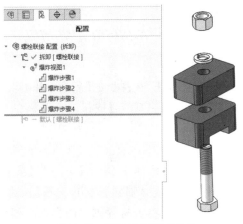

图 21-17　【螺栓联接】解体结果

专家提示2:在【爆炸视图】完成后,再次单击【爆炸视图】按钮,如图 21-18 所示,装配体会回到没有爆炸的状态,爆炸视图及爆炸步骤都显示为灰色。右击【爆炸视图1】,如图 21-19 所示,在弹出的快捷菜单中,单击【爆炸】选项,会生成爆炸视图(爆炸视图及爆炸步骤都正常显示);单击【动画爆炸】选项会播放爆炸动画;单击【删除】选项会删除爆炸视图。

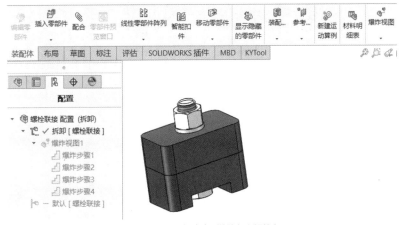

图 21-18　再次单击【爆炸视图】按钮

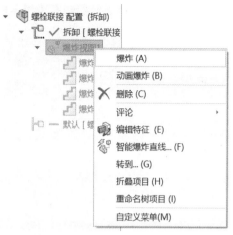

图 21-19 【动画爆炸】及【删除】命令

21.2.2 生成螺栓联接解体视图 //

21.2.2.1 打开工程图模板

单击【标准】工具栏上的【新建】按钮,在弹出的【新建 SolidWorks 文件】对话框中选择【GB 工程图模板】中的【A4 横放】,单击【确定】按钮。打开新的工程图,且弹出【模型视图】对话框。

21.2.2.2 生成等轴测图

如图 21-20 所示,在【模型视图】对话框中,单击【下一步】按钮;在【参考配置】选项组中选择【拆卸】,在【方向】选项组中单击【等轴测】按钮,勾选【预览】复选框。然后,将指针移到图形区域,并显示前视图的预览。单击将等轴测图作为工程视图 1 放置,单击【确定】按钮。

图 21-20 生成等轴测图

21.2.2.3 更改比例

在属性管理器中右击【图纸格式 1】，在弹出的快捷菜单中选择【属性】命令，在【图纸属性】对话框中将比例设定为 1:2。

21.2.2.4 移动工程视图

将鼠标指针位于视图边框、模型边线等处，当鼠标指针变成"十字箭头"时，按住左键并拖动将视图移至恰当位置。

21.2.2.5 渲染轴测图

单击轴测图，在【视图】工具栏中选择【带边线上色】命令完成轴测图渲染。

21.2.2.6 插入零件序号

选择主视图，单击【注解】工具栏上的【自动零件序号】按钮，如图 21-21 所示，选择【布置零件序号到右】，【引线附加点】选中【边线】单选按钮，在【零件序号文】下拉列表中选择【文件名称】，单击【确定】按钮。拖动需要调整的序号，修改字号使文字显示清晰，如图 21-2 所示。

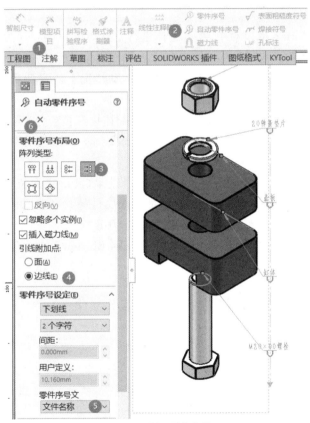

图 21-21 插入零件序号

实例 22

曲柄滑块机构分析-认识 SolidWorks Motion

SolidWorks 自带的 Motion 插件无缝集成了装配体运动仿真、干涉检查等功能,通过 Motion 运动仿真和分析,可以有效降低产品的制造成本及缩短产品开发周期,设计分析者可快速地了解产品的可行性。

SolidWorks Motion 可以对中、小装配体进行完整的运动学和动力学仿真,得到系统中各零部件的运动情况,包括位移、速度、加速度和作用力及反作用力等;并以动画、图形、表格等多种形式输出结果,还可将零部件在复杂运动情况下的复杂载荷情况直接输出到主流有限元分析软件中进行强度和结构分析。SolidWorks Motion 具有以下功能:

(1)通过将物理运动与来自 SolidWorks 的装配体信息相结合,模拟真实运行条件。

(2)提供了多种代表真实运行条件的作用力选项:输入函数、线性和非线性弹簧、力、力矩、二维和三维接触,来捕获零件间的相互作用。

(3)使用功能强大且直观的可视化工具来解释结果(其形式为位移、速度、加速度、力向量的图解或数值数据,可以创建 AVI 格式的动画文件等共享数据)。

(4)可以将载荷无缝传入 Simulation 以进行应力分析。

本例通过曲柄滑块机构分析来介绍 SolidWorks Motion 运动仿真界面、运动仿真的步骤及一些基础概念。

22.1 ▲ 问题导入

已知在如图 22-1 所示的曲柄滑块机构中,曲柄 1 的长度 $l_1 = 350\ \text{mm}$,连杆 2 的长度 $l_2 = 2\ 350\ \text{mm}$。全部零件的材料为普通碳钢,滑块 3 及其附件的质量为 6 kg。曲柄 1 的转速 $n_1 = 300\ \text{r/min}$,试求曲柄 1 逆时针转动到 $\theta_1 = 45°$ 时滑块 3 的位移和惯性力。

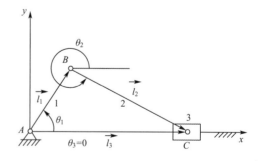

图 22-1　曲柄滑块机构

22.2 ▲ 仿真分析

22.2.1 打开曲柄滑块机构的装配体 /// 仿真分析

打开"实例 22"目录下的"曲柄滑块机构.SLDASM"装配体,并单击【运动算例1】,依次单击【SOLIDWORKS 插件】→【SOLIDWORKS Motion】,打开【Motion 管理器】,选择分析类型为【Motion 分析】,如图 22-2 所示。

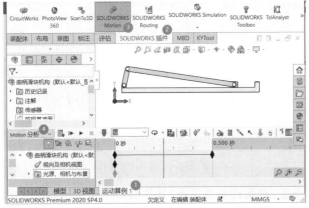

图 22-2　启动【Motion 分析】及打开【Motion 管理器】

专家提示 1:只有依次单击【SOLIDWORKS 插件】→【SOLIDWORKS Motion】后,才会出现【Motion 分析】选项;否则,就只有【动画】和【基本运动】两个选项,如图 22-3 所示。

专家提示 2:依次选择【工具】→【插件】命令,弹出如图 22-4 所示的【插件】属性管理器,勾选【SOLIDWORKS Motion】复选框,单击【确定】按钮将 Motion 插件载入,如果只选中左侧复选框,插件只在本次运行中载入,若同时选中左、右两侧复选框,插件则会在软件启动时自动载入。

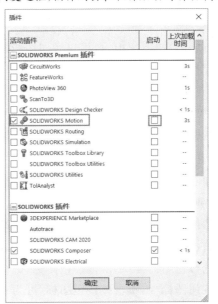

图 22-3　显示【Motion 分析】选项　　　　图 22-4　【插件】属性管理器

右侧竖排文字:

实例 22　曲柄滑块机构分析-认识 SolidWorks Motion

扩展知识：MotionManager 界面介绍

如图 22-5 所示，MotionManager 界面主要分为工具栏、模型设计树及时间线视图区三部分。工具栏位于 MotionManager 界面的最上方，包含了添加驱动元素等工具按钮。模型设计树位于 MotionManager 界面的左下方，包含驱动元素（如旋转马达）、装配体中的零部件和分析结果等。时间线视图区位于 MotionManager 设计树的右方。SolidWorks Motion 可用于设定仿真时间。

图 22-5　MotionManager 界面

当界面中按钮为灰色时表示不可用，相关按钮图标说明如下。

22.2.1.1　工具栏按钮图标（图 22-6）

图 22-6　工具栏按钮图标

1. 计算按钮图标 ：单击该按钮图标，软件会对所设计的运动算例进行求解计算。

2. 从头播放按钮图标 ：单击该按钮图标，模拟动画会从仿真开始时刻播放。

3. 播放按钮图标 ：单击该按钮图标，模拟动画会从当前设定时刻开始播放。

4. 停止按钮图标 ：单击该按钮图标，会停止模拟动画的播放。

5. 播放速度图标 ：单击下拉菜单，可以设定 10 种动画播放速度，包括 7 种播放速度的倍数，3 种动画播放持续时间。

6. 播放模式按钮图标 ：单击该按钮图标，可将模拟动画的播放设定为正常、循环和往复三种模式。

7. 保存动画按钮图标 ：单击该按钮图标，可将模拟动画保存为视频，视频格式自行设定，可保存部分动画。

8. 动画向导按钮图标 ：单击该按钮图标，可在设定时刻插入视图，还可设定旋转及爆炸动画；也可解除爆炸动画。

9. 自动键码按钮图标 ：单击该按钮图标，可为移动或更改后的零部件在时间栏内自动生成新键码；再次单击它可将其关闭。

10. 添加/更新键码按钮图标 ：单击该按钮图标，可在时间栏上添加新键码，或者更新当前已有键码。

11. 马达按钮图标 ：单击该按钮图标，可为装配体添加驱动。

12. 弹簧按钮图标 ：单击该按钮图标，可在零部件之间添加弹簧。

13. 阻尼按钮图标 ：单击该按钮图标，可在零部件之间添加阻尼。

14. 力按钮图标 ：单击该按钮图标，可为零部件添加力或者力矩。

15. 接触按钮图标 ：单击该按钮图标，可为选定的多个零部件定义接触。

16.引力按钮图标 ：单击该按钮图标,可开启运动算例的引力,数值及方向可自行设定。

17.结果和图解按钮图标 ：单击该按钮图标,可添加运动算例的计算结果图解。

18.运动算例属性按钮图标 ：单击该按钮图标,可为设计算例设定仿真属性。

19.视图切换按钮图标 ：单击该按钮图标,可在基于事件的运动视图和时间线视图之间切换。

20.折叠 MotionManager 按钮图标 ：单击该按钮图标,可将 MotionManager 界面最小化;再次单击该按钮,会还原到 MotionManager 先前的界面。

22.2.1.2 模型设计树按钮图标(图 22-7)

图 22-7 模型设计树按钮图标

1.无过滤按钮图标 ：处于按下状态时,在 MotionManager 设计树中会显示所有项目。

2.过滤动画按钮图标 ：处于按下状态时,只显示在动画过程中移动或更改的项目。

3.过滤驱动按钮图标 ：处于按下状态时,只显示引发运动或其他更改的项目。

4.过滤选定按钮图标 ：处于按下状态时,只显示当前选定的项目。

5.过滤结果按钮图标 ：处于按下状态时,只显示 Motion 分析结果的项目。

22.2.1.3 时间线视图区按钮图标(图 22-8)

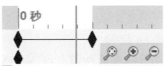

图 22-8 时间线视图区按钮图标

1.键码图标 ：MotionManager 设计树中相关项目的键码,可以编辑、拖动、复制、粘贴及删除,其中,拖动装配体的键码可设定运动算例的仿真时间。

2.时间线图标 ：在时间线视图区可任意拖动,拖动时,装配体运动单元会随着时间线的时刻点不同而变化位置。

3.整屏显示全图按钮图标 ：单击该按钮图标,会完整显示时间线视图区。

4.放大按钮图标 ：单击该按钮图标,会将时间线视图区放大,时间刻度的分度值变小。

5.缩小按钮 ：单击该按钮图标,会将时间线视图区放大,时间刻度的分度值变大。

22.2.2 设置曲轴驱动力参数 //

在【Motion】工具栏中单击【马达】按钮。在【马达】对话框中选择【马达类型】为【旋转马达】;在图形区选中曲轴端面作为马达【零部件/方向】;设定【运动】参数为【等速】,【300 RPM】,单击【确定】按钮,如图 22-9 所示。

专家提示:马达添加成功后,会显示在【Motion 管理器】中,如图 22-10 所示。

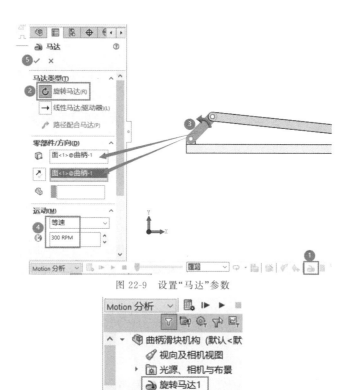

图 22-9　设置"马达"参数

图 22-10　马达添加成功

22.2.2.1　扩展知识:添加驱动

驱动是驱使机械设备中原动件运动的动力源,例如,汽车中发动机燃油点燃时释放给原动件活塞的动力、电动机的输出转矩等。用 SolidWorks 进行 Motion 仿真分析时,添加马达即可为原动件添加驱动。

SolidWorks Motion 可利用【马达】改变运动参数(位移、速度或加速度)来定义各种运动;还可以利用力、引力、弹簧、阻尼、接触等改变动力参数来影响运动。SolidWorks Motion 驱动元素的名称、作用和添加方法见表 22-1。

表 22-1　　　　　　　SolidWorks Motion 驱动元素的名称、作用和添加方法

名称	作用	添加方法
马达	以运动参数(位移、速度、加速度)驱动主动件	类型:旋转马达或线性马达。 零部件/方向:选取与马达方向平行或垂直的面。 运动类型及相应值:等速、距离、振荡或插值
力	以动力参数(力、力矩)驱动或阻碍构件运动	类型:线性力或扭转力。 方向:选取作用点和与力方向垂直或平行的面。 力函数:常量、步进、谐波、线段、数据点、表达式、(从文件装入函数、删除函数)
引力	以动力参数(引力)驱动或阻碍构件运动	引力参数:设定引力的方向和加速度值

（续表）

名称	作用	添加方法
弹簧	以动力参数(弹力)阻碍构件运动	类型:线性弹簧或扭转弹簧。 参数:选取两端点、设刚度和阻尼值。 显示:设簧条直径、中径和圈数,仅供三维显示用
阻尼	以动力参数(阻尼力)阻碍构件运动	类型:线性阻尼或扭转阻尼。 阻尼参数:选取两端点、设定阻尼值
接触	在两构件之间建立不可穿越的约束,并以动力参数(摩擦力)阻碍构件运动	选择要生成3D的两个零部件。 摩擦:定义动态/静态摩擦系数。 弹性:定义碰撞时的冲击或恢复系数
配合摩擦	以动力参数(摩擦力)阻碍构件运动	在【配合】的【分析】选项卡上指定材料或摩擦系数

单击 MotionManager 工具栏中的【马达】按钮,就会弹出如图 22-9 所示的【马达】参数设置对话框,有三种类型的马达可选。

1.旋转马达

在图 22-9 所示的【马达类型】选项组中单击【旋转马达】按钮。在【零部件/方向】选项组中,从上到下依次单击【马达位置】按钮右侧为马达选择位置;单击【反向】按钮可改变马达旋转方向;单击【要相对此项而移动的零部件】按钮右侧可设置相对马达位置而运动的零部件。在【运动】选项组中,可设置马达运动函数。对于【等速】马达,单击【速度】图标右侧可输入马达的速度值,单位是 RPM(r/min,转/分钟)。单击【运动】选项组下方的数据图可将设置好的马达数据曲线放大。

2.线性马达(驱动器)

在图 22-9 所示的【马达类型】选项组中单击【线性马达(驱动器)】按钮,线性马达实际上是驱动器。【零部件/方向】选项组及【运动】选项组中,马达的参数设置与【旋转马达】设置类似,只是马达运动速度的单位是 mm/s。

3.路径配合马达

要选择【路径配合马达】,则装配体的配合中必须有路径配合,否则该类型马达不可用。在图 22-9 所示的【马达类型】选项组中单击【路径配合马达】按钮,前面两种马达中的【零部件/方向】选项组会变为【配合/方向】选项组,单击【路径】按钮右侧后选取一个路径配合,其他参数设置与【线性马达(驱动器)】设置类似。

22.2.2.2 扩展知识:添加力

力是物体间的相互作用,是使物体运动状态或者物体的形状发生改变的原因。在 SolidWorks 装配体中,力可以是零部件之间的相互作用,也可以是单独添加在某一零件上的外力。单击 MotionManager 工具栏中的【力】按钮,弹出如图 22-11 所示的【力/扭矩】参数设置对话框,有【力】和【力矩】两种类型可选。

1.力

在图 22-11 所示的【类型】栏中单击【力】按钮。在【方向】栏中,可选择【只有作用力】或【作用力与反作用力】,前者只需要定义"作用零件和作用应用点",后者还需定义"力反作用位置"。单击【作用零件和作用应用点】按钮右侧为力选择所作用的零件及位置。单击【反向】按钮可改变力的方向。【相对于此的力】选中【装配体原点】单选按钮,代表所添加力方向的参考系是装配体整体坐标系;选中【所选零部件】单选按钮,代表所添加力方向的参考系是所选零部件。【力函数】选项组中,可设置力的函数;对于常量力,单击【F1】右侧可输入力的数值,单位是牛顿。【承载面】选项组中可设定受力面。

2.力矩

在图 22-11 所示的【类型】选项组中单击【力矩】按钮,可为所选零部件添加旋转扭矩。在【方向】选项组与【力函数】选项组中,力矩的参数设置与力的参数设置类似,只是力矩的函数单位是 N · mm(牛顿·毫米)。

22.2.2.3　扩展知识:弹簧

弹簧是一种利用材料的弹性特点来工作的机械零件,用以控制相关部件的运动、缓和冲击或振动、储蓄能量、测量力的大小等,被广泛用于机器、仪表中。弹簧弹力的大小在弹性范围内遵循胡克定律:$F=kx$,其中,F 为弹力(单位是牛顿);k 为劲度系数(单位是牛顿/米);x 是弹簧伸长量(单位是米)。

在 SolidWorks 中,对装配体进行 Motion 运动分析时添加的弹簧只是一个虚拟构件,只在仿真时出现,用于模拟弹簧力。单击 MotionManager 工具栏中的【弹簧】按钮,弹出【弹簧】对话框,有两种弹簧可供选择,如图 22-12 所示是【线性弹簧】参数设置对话框,图 22-13 所示的是【扭转弹簧】参数设置对话框。

图 22-11　【力/扭矩】参数设置对话框　　图 22-12　【线性弹簧】参数设置对话框　　图 22-13　【扭转弹簧】参数设置对话框

1.线性弹簧

在图 22-12 所示的【弹簧类型】选项组中单击【线性弹簧】按钮。【弹簧参数】栏中,单击【弹簧端点】按钮右侧为弹簧选择作用位置,需要选择两个零件;单击【弹簧力表达式指数】图标右侧可设置弹簧力表达式指数,默认指数 e=1(线性);单击【弹簧常数】图标右侧可设置弹簧的劲度系数;单击【自由长度】图标右侧可设置弹簧的自由长度(原长),当选定弹簧位置时,软件会自动计算其原长。勾选【阻尼】复选框,可设置弹簧本身的阻尼效应,取消选中该复选框则无阻尼。【显示】选项组中,单击【弹簧圈直径】图标右侧可设置弹簧的外径,单击【圈数】图标右侧可设置弹簧的圈数,单击【丝径】图标右侧可设置弹簧丝的直径。【承载面】选项组中可设定受力面。

2.扭转弹簧

在图 22-13 所示的【弹簧类型】选项组中单击【扭转弹簧】按钮。【弹簧参数】选项组中,单击【第一终点和轴向】按钮右侧设置扭转弹簧的第一终点(弹簧的第一个位置)和轴向(扭转轴),如果所选的两个特征都可以提供轴向,第一选择将作为终点,第二选择作为轴向。单击【基体零部件】按钮右侧,设置扭转弹簧的第二终点(弹簧的第二个位置),如果不设置,软件会自动将弹簧的第二个位置添加到地面。单击【反向】按钮右侧,设置扭转弹簧的【自由角度】,即根据弹簧的函数表达式,指定在不承载时扭转弹簧端点之间的角度.软件根据两个零件之间的角度,计算弹簧力矩,初始自由角度越大,力矩越大。

22.2.2.4 扩展知识:阻尼

阻尼是指阻碍物体相对运动的一种作用,该作用把物体的运动能量转化为热能或其他可以耗散的能量。阻尼能有效地抑制共振、降低噪声、提高机械的动态性能等。在机械系统中,线性黏性阻尼模型是最常用的,其阻尼力 $F = cv$,方向与运动质点的速度方向相反,式中 c 为黏性阻尼系数,其数值须由振动试验确定,v 为运动质点的速度大小。

在 SolidWorks 中,对装配体进行 Motion 运动分析时添加的阻尼只是一个虚拟构件,只在仿真时出现,用于模拟对运动零部件的阻碍作用。单击 MotionManager 工具栏中的【阻尼】按钮,会弹出如图 22-14 所示的【线性阻尼】参数设置对话框,其中有两种类型的阻尼可供选择。

1.线性阻尼

线性阻尼是沿特定的方向,以一定的距离在两个零件之间作用的力。在图 22-14 所示的【阻尼类型】选项组中单击【线性阻尼】按钮。【阻尼参数】选项组中,单击【阻尼端点】按钮右侧为阻尼选择作用位置,需要选择两个位置,一个作为起点,另一个作为终点;单击【阻尼力表达式指数】图标右侧可设置阻尼力表达式指数,默认指数 e=1(线性);单击【阻尼常数】图标右侧可设置阻尼系数。【承载面】选项组中可设定受力面。

2.扭转阻尼

扭转阻尼是绕一特定轴在两个零部件之间应用的旋转阻碍作用。在图 22-15 所示的【阻尼类型】选项组中单击【扭转阻尼】按钮。【阻尼参数】选项组中,单击【第一终点和轴向】按钮右侧,设置扭转阻尼的第一终点(阻尼的第一个位置)和轴向(扭转轴),如果所选的两个特征都可以提供轴向,第一选择将作为终点,第二选择作为轴向。单击【基体零部件】按钮右侧,设置扭转阻尼的第二终点(阻尼的第二个位置),如果不设置,软件自动将阻尼的第二个位置添加到地面上,其他参数设置与线性阻尼参数设置类似。

22.2.2.5 扩展知识:3D 接触与碰撞

3D 接触与碰撞是指实体物件在三维空间中的相互作用,该作用可防止物体在运动过程中彼此穿刺。在 SolidWorks 中,对装配体进行 Motion 运动分析时,如果零部件之间不定义接触,零部件将彼此嵌入,因此,要在运动算例中添加接触。单击 MotionManager 工具栏中的【接触】按钮,弹出的【接触】对话框中有两种接触类型可供选择,图 22-16 所示的是【实体】接触参数设置对话框。

图 22-14 【线性阻尼】参数设置对话框　　图 22-15 【扭转阻尼】参数设置对话框　　图 22-16 【实体】接触参数设置对话框

1. 实体接触

实体接触是物体在三维空间中的接触。在图 22-16 的【接触类型】选项组中单击【实体】按钮。【选择】选项组中选择相接触的两个实体零件,如果是多个零部件与相同零件之间的接触,可勾选【使用接触组】复选框,弹出如图 22-17 所示的实体接触组设置对话框,再选择两组接触零部件即可。若勾选【材料】复选框,则相接触的零部件或者接触组的材料只能在【材料】下拉菜单中选择,下面的摩擦参数会自动设置好。若取消勾选【材料】复选框,则摩擦参数可手动输入,其中 v_k 为动摩擦速度,当接触物体的相对速度超过该速度后,滑动摩擦力相对之前会变小;μ_k 为动摩擦系数;v_s 为静摩擦速度,是指使固定零部件开始移动时,克服静摩擦力的速度;μ_s 为静摩擦系数。在取消勾选【材料】复选框后,在【弹性属性】选项组可设置材料的【冲击】参数及【恢复系数】。需要说明的是,如果零部件在建模时已经定义了材料,在添加接触时仍然需要定义材料属性,否则接触无效。

2. 曲线接触

曲线接触是物体在二维空间中的接触。在图 22-18 所示的【接触类型】选项组中单击【双曲线】按钮。【选择】选项组中选择两个零件的接触曲线或边线;单击【向外法向方向】按钮可改变接触力的法线方向;单击【SelectionManager】按钮,将弹出如图 22-19 所示的曲线选择辅助工具;如果接触需要沿着曲线连续,则勾选【曲线始终接触】复选框,若取消勾选则是间歇接触。其他参数设置与实体接触参数设置类似。

图 22-17　实体接触组设置对话框　　图 22-18　曲线接触参数设置对话框　　图 22-19　曲线选择辅助工具

22.2.3　仿真计算

如图 22-20 所示，单击【Motion 管理器】中的【放大】按钮，放大时间线，拖动键码图标◆，设置仿真时间为 0.5 s。单击【Motion 管理器】中的【运动算例属性】，设置【每秒帧数】为 150，单击【计算】按钮，系统会自动计算运动。

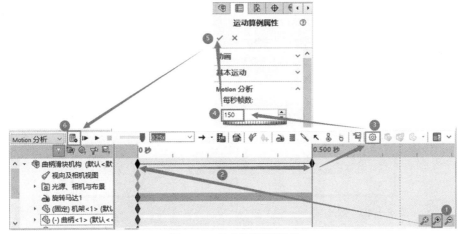

图 22-20　运动算例参数设置

专家提示：键码点代表动画位置更改的开始、结束或者某特定时间的其他特性；是在运动算例中编辑位置的，也就是在动画模拟时编辑运动部件不同时间的不同位置；键码是"最上面时间线上的菱形"，鼠标放在不同的菱形上面，软件会有相应的提示。无论您何时定位一个新的键码点，它都会对应于运动或视像特性的更改。关键帧定义分隔键码点的时间线部分。在任意键码点上移动指针时，零件序号将会显示此键码点时间的键码属性。如果零部件在 MotionManager 设计树中折叠，则所有的键码属性都会包含在零件序号中。

22.2.4　查看结果

22.2.4.1　绘制滑块运动特性曲线

单击【Motion】工具栏上的【结果和图解】按钮，如图 22-21 所示，在【结果】对话框中选择类别为【位移/速度/加速度】、子类别为【线性位移】和结果分量为【X 分量】，在图形区域单击选择滑块，单击【确定】按钮；在图形区域中弹出滑块质心位移曲线，如图 22-22 所示。

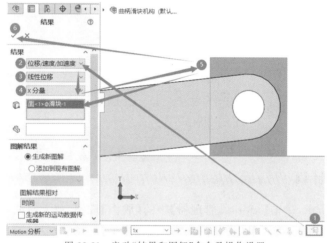

图 22-21　启动"结果和图解"命令及操作设置

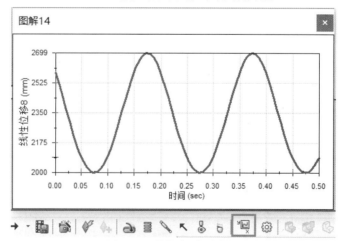

图 22-22　滑块质心位移曲线

重复上述步骤,可画出滑块速度和加速度曲线,如图 22-23 和图 22-24 所示。

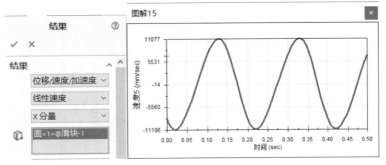

图 22-23　滑块质心速度曲线

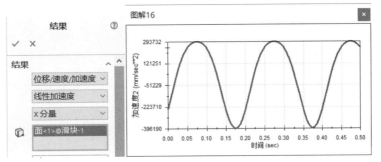

图 22-24　滑块质心加速度曲线

22.2.4.2　绘制滑块动力特性曲线

单击【Motion】工具栏上的【结果和图解】按钮,如图 22-25 所示,在【结果】对话框中选择类别为【力】、子类别为【反作用力】和结果分量为【X 分量】;在设计树的【配合】中单击连杆与滑块的配合【同心 3】;单击【机架】作为参考坐标系,单击【确定】按钮;在图形区域中出现滑块反作用力曲线,如图 22-26 所示。

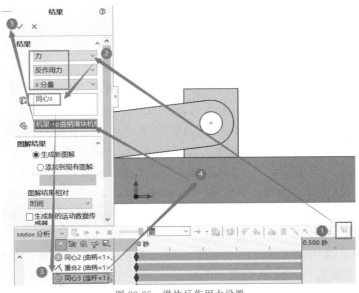

图 22-25　滑块反作用力设置

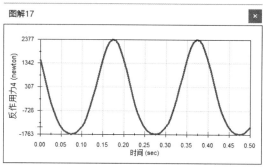

图 22-26　滑块反作用力曲线

专家提示:以上各类【结果和图解】均在【Motion】工具栏的左下角的【结果】中,右击后,单击【显示图解】选项即可显示相应的图解,如图 22-27 所示。

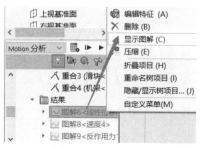

图 22-27　显示图解

22.2.4.3　结果比较

由表 22-2 可见解析法和虚拟样机仿真法所得结果非常接近。但虚拟样机仿真法非常简单,而且可以直接在机构的装配模型中进行分析,效率高,时间短。

表 22-2　　曲柄 1 逆时针转动 $\theta_1=45°$ 时,滑块运动分析和动力分析结果比较

计算方法	l_3/m	$V_3/(m \cdot s^{-1})$	$a_3/(m \cdot s^{-2})$	P_3/N
解析法	2.58	-8.59	-271.29	1 627.74
仿真法	2.55	-7.90	-261.43	1 559.00

专家提示:其一,图解图框的大小可以根据需要任意调节;其二,双击坐标轴,可以对轴进行格式化(设置);其三,指针放到曲线的不同地方,均会显示某一时刻对应的数值,表22-2 中仿真法的数据,就是将指针放到 0.15 s 时的数据。(为什么是 0.15 s 呢? 根据 $n_1=300$ r/min,可知 5 r/s,1 r/0.2 s,即转 360° 需要 0.2 s,那么转 45° 需要 0.025 s;由曲柄滑块机构的模型可知,0° 时 X 位移最大,180° 时 X 位移最小;而 0° 时对应的时间是 0.175 s,根据转 45° 需要 0.025 s 可以知道,按照逆时针旋转,位移从最大慢慢减小,在 0.175 s+0.025 s 即 0.2 s 时就是逆时针转动 $\theta_1=45°$ 时。由于图形是对称的,因此,0.175 s+0.025 s=0.2 s 和 0.175 s-0.025 s=0.15 s 对应的数据是一样的。)

22.2.4.4　扩展知识:结果和图解

在 SolidWorks 中,可以创建多种结果曲线,以帮助设计分析者查看相关数据,但必须是在仿真计算完成后,才能添加结果和图解。

单击 MotionManager 工具栏中的【结果和图解】按钮,弹出如图 22-28 所示的【结果】参数设置对话框。

首先在【选取类别】框中定义所测结果类别,可定义的类别如图 22-29 所示;选取类别后【子类别】选择框会被激活,选取相应的子类别后,结果【分量】选择框会被激活;在选择栏右侧选取被测特征,激活选择栏,可定义所测结果坐标的参考系,若不定义参考系,系统会默认装配体整体坐标为所测结果的参考系。

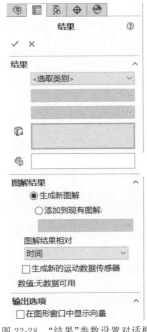

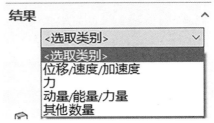

图 22-28 "结果"参数设置对话框　　　　图 22-29 结果可选类别

要创建新的结果图解,在【图解结果】选项组中,选中【生成新图解】单选按钮,在【图解结果相对】中定义所测结果的自变量,可以是时间、帧及新结果;若要在已有结果图解中添加数据曲线,则选中【添加到现有图解】单选按钮,再选择已有的需要添加曲线的图解即可。

22.3 机构仿真步骤

由以上曲柄滑块机构分析可知,机构仿真的基本步骤如下:

22.3.1 装机械 ///

在 CAD 软件中完成机构装配。

22.3.2 添驱动 //

为主动件添加运动参数(如位移)或动力参数(如、马达、力、扭矩等)。

22.3.3　做仿真 //

设置仿真时间、仿真间隔等仿真参数后，运行仿真计算。

22.3.4　看结果 //

观察运动件的运动特性（如位移曲线）和运动副的动力特性（如反作用力）。

实例 23

凸轮机构的运动仿真

凸轮机构是利用凸轮转动带动从动件实现预期运动规律的一种高副机构,广泛应用于各种机械,特别是自动机械、自动控制装置等。本例以摆动从动件盘形凸轮机构为例,采用导入凸轮理论廓线坐标的方法,进行准确的凸轮轮廓造型,然后进行二维状态曲线接触运动仿真;进一步,完成更接近真实状况的三维实体碰撞接触状态动力学仿真。

本例重点掌握使用导入凸轮理论廓线坐标的方法,进行准确的凸轮轮廓造型;掌握二维状态曲线接触运动仿真和三维实体碰撞接触状态动力学仿真。

23.1 ▲ 工作原理

摆动从动件盘形凸轮机构如图 23-1 所示,原动件凸轮 1 匀速转动,带动滚子 2 和摆杆 3 运动,输出运动为摆杆 3 来回摆动,要求确定摆杆任意时刻的位置、角速度和角加速度。

初始条件:中心距 $AC = 150$ mm,摆杆长 $BC = 120$ mm,基圆半径 $R_b = 50$ mm,滚子半径 $R_g = 12$ mm。凸轮转速 $n = 72$ r/min。推程:摆线运动。回程:345 次多项式运动。

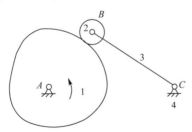

图 23-1 摆动从动件盘形凸轮机构

凸轮机构的
运动仿真

23.2 ▲ 零件造型

23.2.1 创建凸轮 ////////////

启动 SolidWorks,依次单击【新建】→【模板】→【零件】命令,创建一个新零件文件。如图 23-2 所示,依次单击【插入】→【曲线】→【通过 XYZ 点的曲线】命令;在弹出的【曲线文件】对话框中单击【浏览】按钮；浏览到"实例 23"中，在【文件类型】中选择【Text Files（*.txt）】类型文件，单击【凸轮理论廓线坐标.txt】文件，单击【打开】按钮。

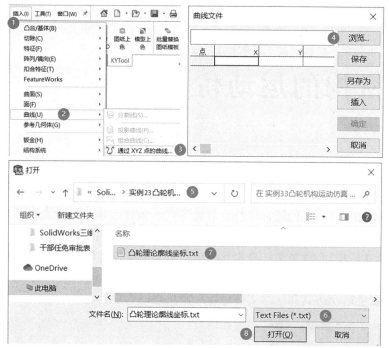

图 23-2　插入凸轮理论轮廓坐标

坐标数据将显示在【曲线文件】中；单击【确定】按钮，凸轮理论廓线会被绘制出来，如图 23-3 所示。

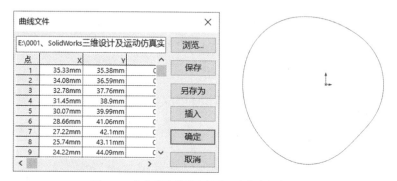

图 23-3　凸轮理论轮廓坐标及理论轮廓样条曲线

依次单击【草图】→【退出草图】下拉三角板中【草图绘制】命令，选择【前视基准面】；单击【等距实体】按钮，单击前面绘制好的曲线，输入摆杆滚子半径为"12 mm"，勾选【反向】复选框，单击【确定】按钮，将曲线转换成草图曲线，得到凸轮实际轮廓曲线，如图 23-4 所示。

在原点处绘制直径为 20 mm 的凸轮轴孔，如图 23-5 所示。

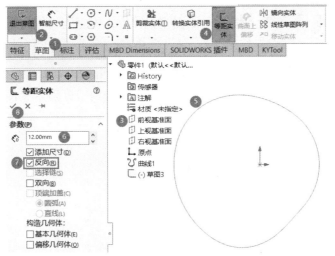

图 23-4　凸轮实际轮廓曲线

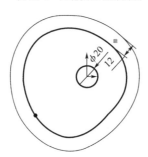

图 23-5　凸轮轴孔草图

依次单击【特征】→【拉伸凸台/基本】命令,选择【方向 1】为【两侧对称】,【距离 D1】为【10 mm】,单击【确定】按钮,得到凸轮的三维实体,如图 23-6 所示。

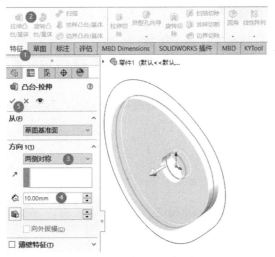

图 23-6　拉伸凸台创建凸轮

右击 FeatureManager 设计树中的【材质＜未指定＞】,在弹出的菜单中选择【普通碳钢】选项。以文件名"凸轮"保存该零件。

23.2.2　创建滚子、摆杆和机架 ///

根据已知条件:滚子半径＝12 mm,摆杆长度＝120 mm,凸轮与摆杆转动中心距离＝150 mm,根据图 23-7 至图 23-9 所示的草图,以距离 10 mm 两侧对称拉伸草图轮廓,得到滚子、摆杆和机架等零件,零件的材质均设置为"普通碳钢",分别以文件名"滚子""摆杆""机架"保存。

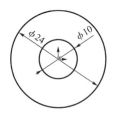

图 23-7　滚子草图

图 23-8　摆杆草图

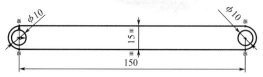

图 23-9　机架草图

23.3　装配

依次单击【新建】→【模板】→【装配体】命令,建立一个新装配体文件。

首先添加机架;然后插入摆杆,添加摆杆与机架转动处的同轴心配合,并为两者的侧面添加重合配合,如图 23-10 所示。再插入滚子,在其与摆杆转动处添加同轴心配合,两者侧面添加重合配合,如图 23-11 所示。最后插入凸轮,在其与机架转动处添加同轴心配合,两者侧面添加重合配合,如图 23-12 所示。

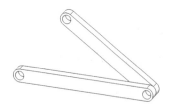

图 23-10　摆杆与机架添加同轴心和重合配合

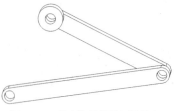

图 23-11　插入滚子并添加同轴心和重合配合

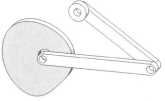

图 23-12　插入凸轮并添加同轴心和重合配合

右击【摆杆与机架】的重合配合,在弹出的菜单中选择【编辑特征】选项,将其改为距离等于 10 mm 的【距离】配合。以确保滚子落在凸轮上,且各零件均不发生干涉,如图 23-13 所示。

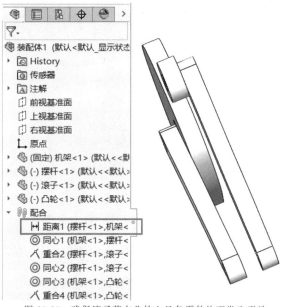

图 23-13　确保滚子落在凸轮上且各零件均不发生干涉

为使滚子与凸轮处于正确的装配位置,在凸轮与滚子柱面之间添加相切配合,如图 23-14 所示。

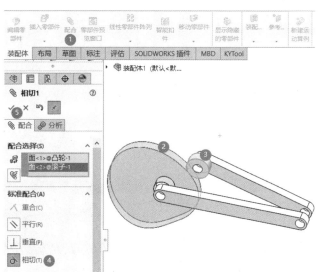

图 23-14　在凸轮与滚子柱面之间添加相切配合

在设计树中右击该相切配合,在弹出的菜单中选择【压缩】选项,使该相切配合暂时不起作用,以免影响后面的运动仿真。压缩后,如果再次用鼠标拖动滚子或凸轮,两者将不再相切,此时,用鼠标右击该相切配合,选择【解除压缩】选项,凸轮与滚子就会再次相切。

装配完毕后,所有的配合关系如图 23-15 所示,以文件名"凸轮机构装配体"保存该文件。

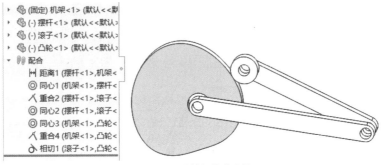

图 23-15　凸轮机构装配体

23.4 仿真

在装配体界面,将【SolidWorks Motion】插件载入,单击布局选项卡中的【运动算例1】,在【MotionManager】工具栏中的【算例类型】下拉列表中选择【Motion 分析】选项。

23.4.1　添加马达 ///

单击【MotionManager】工具栏中的【马达】按钮,为凸轮添加逆时针等速旋转马达,如图 23-16 所示,凸轮转速 $n=72$ r/min $=432°/$s,马达位置为凸轮轴孔处。

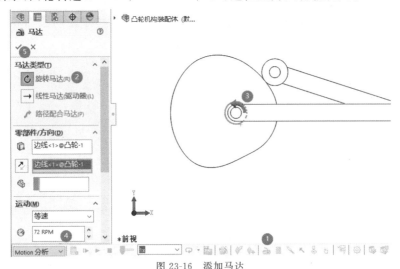

图 23-16　添加马达

23.4.2　仿真参数设置 ///

在【MotionManager】界面中,拖动键码将时间的长度拉到 1 s,单击工具栏上的【运动算例属性】按钮,在弹出的【运动算例属性】管理器中的【Motion 分析】栏内将每秒帧数设为"100",选中【3D 接触分辨率】下的【使用精确接触】复选框,其余参数采用默认设置,如图 23-17 所示,单击【确定】按钮,完成仿真参数的设置。

图 23-17　设置仿真参数

23.4.3　曲线接触运动仿真 ///

23.4.3.1　添加曲线接触

单击【MotionManager】工具栏上的【接触】按钮,如图 23-18 所示,在弹出的【接触】属性管理器中的【接触类型】选项组内选择【曲线】,在【选择】选项组内选取凸轮实际轮廓线为【曲线 1】,选取滚子外轮廓线为【曲线 2】;勾选【曲线始终接触】复选框,其余参数均采用默认设置,单击【确定】按钮,完成曲线接触的添加。

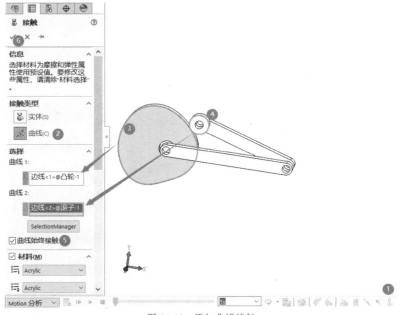

图 23-18　添加曲线接触

205

23.4.3.2　仿真分析

单击【MotionManager】工具栏上的【计算】按钮，进行仿真求解。待仿真自动计算完毕后，单击工具栏上的"结果和图解"按钮，在弹出的属性管理器中进行如图 23-19 所示的参数设置，其中图标 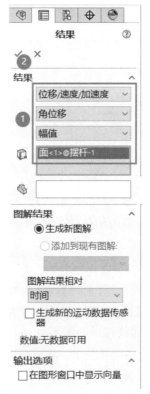 右侧显示栏里的面为摆杆上的任意一个面。单击【确定】按钮，生成摆杆的角位移图解，如图 23-20 所示。

图 23-19　摆杆角位移参数设置

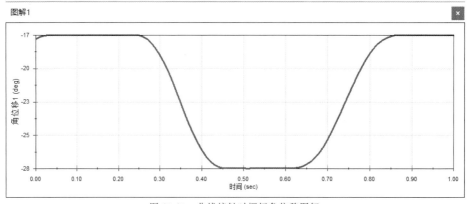

图 23-20　曲线接触时摆杆角位移图解

由图 23-20 可知，摆杆与水平线初始夹角为 17°，最大为 28°，因此最大摆杆角位移为 28°−17°＝11°，与题目设置相吻合。

同理,在图 23-19【结果】选项组中的第二个下拉列表框中分别选择【角速度】和【角加速度】,在第三个下拉列表框中都选择【Z 分量】,则分别得到摆杆的角速度图解和角加速度图解,如图 23-21 和图 23-22 所示。

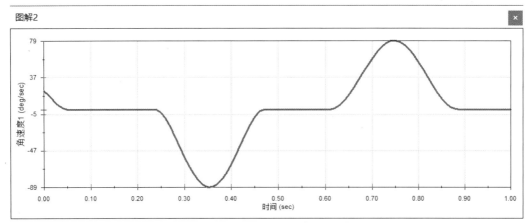

图 23-21　曲线接触时摆杆角速度图解

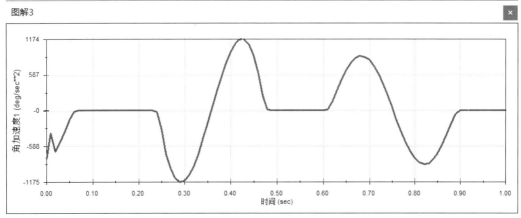

图 23-22　曲线接触时摆杆角加速度图解

23.4.4　实体接触动力学仿真 //

由于根据曲线接触得到的仿真是二维状态的仿真,是理想的数学模型再现,没有考虑零件之间的碰撞,下面进行实体接触动力学仿真。

23.4.4.1　添加实体接触

首先将前面添加的【曲线接触】删除,然后再单击【MotionManager】工具栏上的【接触】按钮。如图 23-23 所示,在弹出的属性管理器中【接触类型】选项组内选择接触类型为【实体】,在【选择】选项组的【零部件】中用鼠标在视图区域选取凸轮和滚子,在【材料】选项组内两个下拉列表中均选择【Steel(Greasy)】,其余参数均采用默认设置,单击【确定】按钮,完成实体接触的添加。

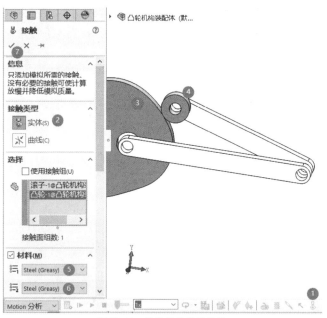

图 23-23 设置实体接触参数

23.4.4.2 添加引力

单击【MotionManager】工具栏上的【引力】按钮,在弹出的属性管理器中【引力参数】
选项组中选择【Y】轴的负方向作为参考方向,数值为默认值,如图 23-24 所示。

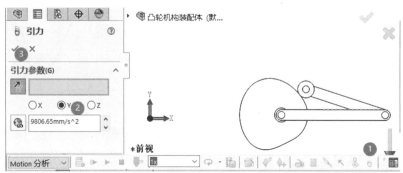

图 23-24 添加引力

23.4.4.3 仿真分析

单击【计算】按钮,进行仿真求解,仿真计算完毕后系统自动更新摆杆的角位移、角速
度、角加速度图解,如图 23-25 至图 23-27 所示。

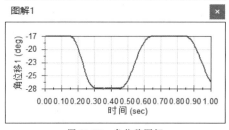

图 23-25 角位移图解

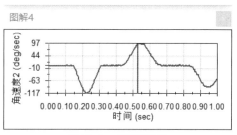

图 23-26 角速度图解

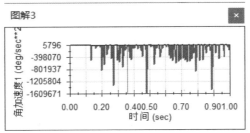

图 23-27　角加速度图解

　　由此可见,与曲线接触运动仿真相比,摆杆角位移曲线基本不变;角速度存在瞬时波动;角加速度则变化较大,在多个位置都有较大的突变,这是实际运行时凸轮与滚子实体接触时可能会产生的情况。摆杆的最大角加速度也增大了许多,这是因为机构被假设成了刚性碰撞。实际上摆杆等所有构件都是弹性的,不会达到这样大的值。

实例 24

认识配置和设计表

在建模过程中,经常会遇到形状基本相似,但尺寸大小不一样的零件。逐个设计这些相似的零件会花费大量的精力和时间去做重复的工作,降低了设计的效率,且容易出错。

本例重点掌握如何使用 SolidWorks 的配置和设计表等功能,来减少不必要的重复工作以提高设计效率。

SolidWorks 配置可以在单一的文件中对零件或装配体生成多个设计,从而来开发与管理一组有着不同尺寸、零部件或其他参数的模型。配置主要有两种方式:手动配置和设计表。

24.1 手动配置

手动配置多用于在一个零件文件中存储不同的工作状态、特征组成等。

24.1.1 生成配置 //

24.1.1.1 建立弹簧模型

打开"实例 24"目录下的"弹簧(手动配置).SLDPRT"文件。

24.1.1.2 显示特征尺寸

如图 24-1 所示,在设计树中右击【注解】,在弹出的快捷菜单中选择【显示特征尺寸】选项。

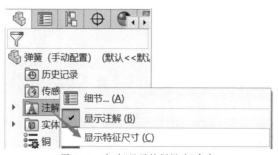

图 24-1 启动"显示特征尺寸"命令

24.1.1.3 添加高度配置

如图 24-2 所示,在图形区域中右击,在弹出的快捷菜单中选择【配置尺寸】选项;在弹出的【修改配置】对话框中，单击【生成新配置】，分别输入：【自由状态】为"240 mm"；【工作状态】为"180 mm"，单击"确定"按钮。

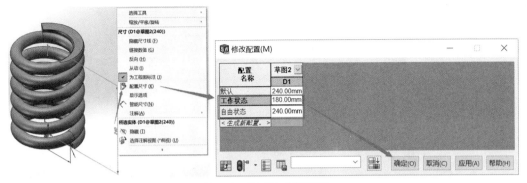

图 24-2　添加【生成新配置】

专家提示：弹簧的自由状态用于生成工程图，工作状态用于装配。

24.1.1.4　切换配置

如图 24-3 所示，单击特征树上方的【配置】标签，双击【配置名称】，如双击【自由状态】即可切换到高度为 240 mm 的自由状态；亦可右击【自由状态】，在弹出的快捷菜单中选择【显示配置】，或单击【删除】以删除配置。

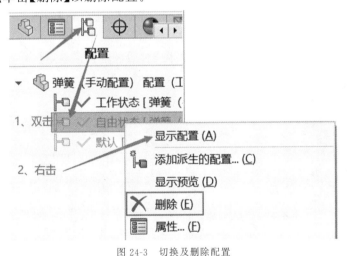

图 24-3　切换及删除配置

24.1.2　使用配置 //

24.1.2.1　装配时使用工作状态配置

新建装配体，并插入已经生成配置的"弹簧.SLDPRT"，在装配设计树中，右击【弹簧】，有两种方法可以改变配置，如图 24-4 所示，方法一：在弹出的快捷菜单中，单击最上方的下三角形，选择【工作状态】，单击【确定】按钮；方法二：在弹出的快捷菜单中选择【属性】，弹出【零部件属性】对话框中，选择【所参考的配置】为【工作状态】。单击【确定】按钮。

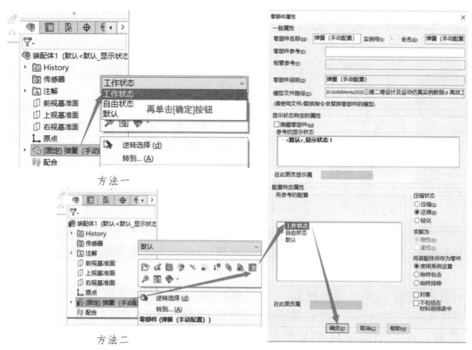

图 24-4　装配中选用工作状态配置

24.1.2.2　出图时使用自由状态配置

新建工程图,如图 24-5 所示,在【模型视图】对话框中直接设定【参考配置】为【自由状态】,或者选中一个视图,设定【参考配置】为【自由状态】。

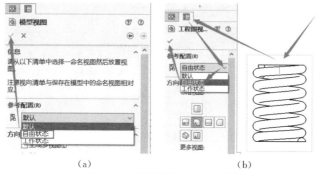

（a）　　　　　　　　　　　　　（b）

图 24-5　工程图使用自由状态配置

24.2　设计表

设计表可以生成具有一定规律的一系列配置,特别适用于系列零件。

其操作步骤:首先,设计出初始零件形态;然后,插入系列零件设计表,选择自动生成,在系列零件设计表的 Excel 界面编辑零件的尺寸数值和附加特征的状态(压缩/解除压缩),单击 Excel 表以外的空白处确认即可自动生成多个新的配置。

24.2.1　创建零件模型 ///

打开"实例24"目录下的"平垫（设计表）.SLDPRT"。

24.2.2　插入设计表 //

如图24-6所示，依次单击【插入】→【表格】→【设计表】命令，在【系列零件设计表】对
话框中选中【自动生成】单选按钮，再单击【确定】按钮。弹出【尺寸】对话框，按下<Ctrl>
键，选择所有特征尺寸，单击【确定】按钮。

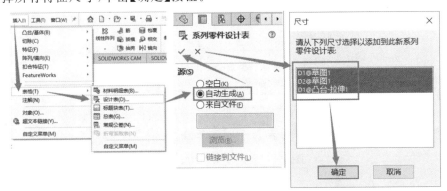

图24-6　插入设计表的相关操作及设置

24.2.3　填写系列尺寸 //

如图24-7所示，单击数据表左上角选中表格，设置【单元格格式】为【常规】，添加系列
名称"系列38"和"系列40"，设置内径系列为2 mm、外径系列为5 mm、厚度系列为1 mm
（数据递增）；选中"系列38"和"系列40"，并拖动填充生成其他系列；单击空白区域，单击
【确定】按钮，生成系列零件。另存为"平垫（设计表）带表格.SLDPRT"。

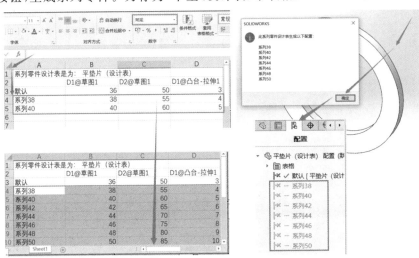

图24-7　设置系列规则及生成系列零件

24.2.4　配置使用 ///

新建装配文件,插入"实例 24"目录下的"阶梯轴(系列表). SLDPRT"。单击【插入零部件】按钮,选择"实例 24"目录下的"平垫片(设计表)带表格. SLDPRT",单击【确定】按钮,完成零件装配。如图 24-8 所示,单击设计树中【平垫】的零件名称(专家提示:右击也可以;单击更简洁),选择【零部件属性】选项,在图 24-9 中选择对应的配置,如"系列 44",单击【确定】按钮,单击【配合】,设置垫片内孔与轴形成【同轴心】配合。单击【插入零部件】按钮,重复上述步骤,完成另外两个轴段"系列 50"和"系列 40"的装配。

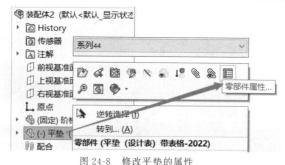

图 24-8　修改平垫的属性

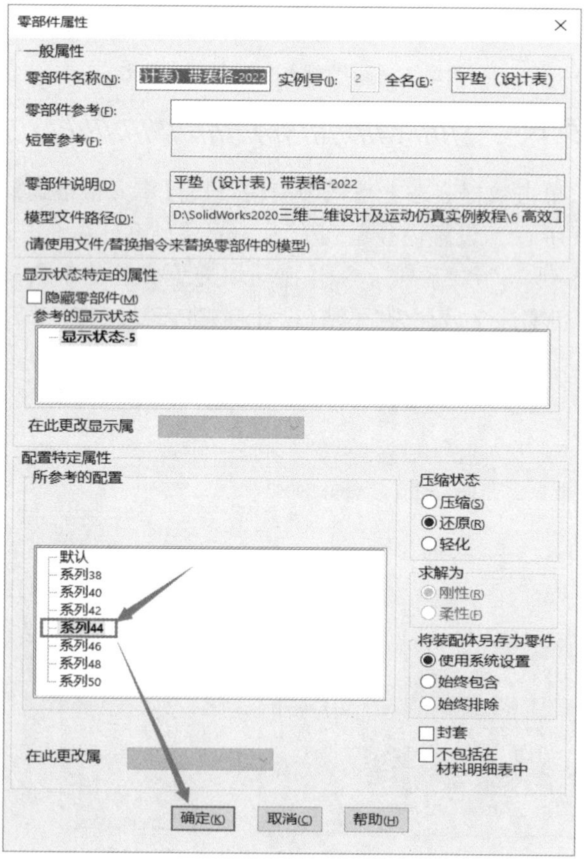

零部件属性

一般属性

零部件名称(N)：料表) 带表格-2022　实例号(I)：2　全名(F)：平垫(设计表)

零部件参考(F)：

短管参考(F)：

零部件说明(D)：平垫（设计表）带表格-2022

模型文件路径(D)：D:\SolidWorks2020三维二维设计及运动仿真实例教程\6 高效工

(请使用文件/替换指令来替换零部件的模型)

显示状态特定的属性

☐隐藏零部件(M)

参考的显示状态

显示状态-5

在此更改显示属　

配置特定属性

所参考的配置

默认
系列38
系列40
系列42
系列44
系列46
系列48
系列50

在此更改属　

压缩状态
○压缩(S)
◉还原(R)
○轻化

求解为
◉刚性(R)
○柔性(F)

将装配体另存为零件
◉使用系统设置
○始终包含
○始终排除

☐封套
☐不包括在
材料明细表中

确定(K)　取消(C)　帮助(H)

图 24-9　选择零件配置

实例 25

设计库的定制与调用

　　一个产品在设计中自制件越多,成本就越高。因此,在产品设计中不可避免地要用到很多的标准件、企业常用件和外购件。SolidWorks 中可用设计库实现类似功能,设计库主要用于以下几个方面:标准件/常用件库、常用注释库、图块库、特征库。

　　本例重点掌握 Toolbox 库零件的调用和 DesignLibrary 库元素的定制与调用。

25.1 ▲ Toolbox 库零件的调用

　　SolidWorks Toolbox 插件包括 GB 和 ISO 等标准零件库、凸轮设计、凹槽设计和其他设计工具,也可自定义 Toolbox 常用零件。Toolbox 中提供的扣件为近似形状,不包括精确的螺纹细节;Toolbox 的齿轮为机械设计展示所用,它们并不是为制造而设计的真实渐开线齿轮。

设计库的
定制与调用

25.1.1　新建零件 ///

　　单击【新建】按钮,建立新零件,并以“齿轮(库零件)”名称保存。

25.1.2　激活 Toolbox ///

　　如图 25-1 所示,单击 SolidWorks 界面右侧【设计库】中的【Toolbox】,单击【现在插入】按钮。

25.1.3　插入库零件:齿轮 ///

　　如图 25-2 所示,在【设计库】的【Toolbox】中依次双击【GB】→【动力传动】→【齿轮】命令,右击【正齿轮】,在弹出的快捷菜单中选择【生成零件】选项。

　　在【配置零部件】对话框中,按照图 25-3 所示,设置齿轮参数:【模数】为【2.5】、【齿数】为【32】、【压力角】为【20】、【面宽】(齿轮厚)为 30,【毂样式】为【类型 A】,【标称轴直径】为【25】,【键槽】为【矩形(1)】,单击【确定】按钮生成齿轮。依次单击【文件】→【另存为】,另存为“齿轮.SLDPRT”。

　　由以上过程可将 Toolbox 库零件的调用过程总结为开库房、找货架、调零件。

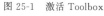

图 25-1　激活 Toolbox

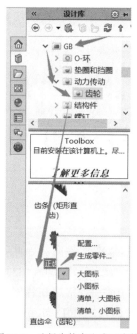

图 25-2　选择齿轮库生成正齿轮

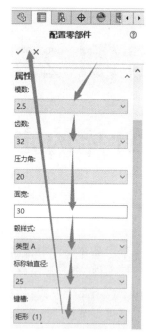

图 25-3　齿轮参数设置

专家提示：由于标准件是通过方程式驱动的，如果齿轮生成不了，有可能是 VBA 的问题；检验方法是看绘制草图时，方程式是否正常；如果方程式不正常，例如依次单击【工具】→【方程式】后，在【方程式、整体变量及尺寸】对话框中不能添加整体变量，或者只能添加一个整体变量，那就可以肯定是 VBA 问题了。

解决办法是，首先关闭 SolidWorks，最好用管理员账号和有管理员权限的 windows 用户登录，关闭杀毒安全类软件。然后按照 vba71.msi、vba71-kb2783832-x64、vba71_1033.msi、vba71_2052.msi 的顺序依次安装 VB 组件。最后重启计算机，再启动 SolidWorks 尝试。上述文件可以在安装包中去搜索。

25.2　DesignLibrary 库元素的定制与调用

可以在 SolidWorks 中定制企业特点的草图、特征、零件等库元素，以提高检索效率，减少重复劳动，提高设计效率。

在常规机械设计中，经常会碰到板材上四孔对称的设计情形，虽然设计难度不大，但如果设计量很大，也是十分烦琐的工作。下面通过建立库元素加快设计速度，提高检索效率。

25.2.1　定制库元素 //

已知：平板上 4 孔居中对称，通孔。

新建零件，以中心矩形画草图 140 mm×100 mm；生成 140 mm×100 mm×20 mm 的长方体，选取其上表面为草图平面，用中心矩形和圆绘制图 25-4 所示的居中对称 4 通孔草图，用完全贯穿拉伸切除特征生成通孔，将拉伸切除特征更名为"对称 4 通孔"，并保存为"居中对称 4 通孔.SLDPRT"。

专家提示：绘制 4 个孔的草图时，一定要设置 4 个孔直径相等的几何约束；否则，后期的孔可能不是 4 个直径一起变化。慎用矩形阵列产生另外的 3 个孔。

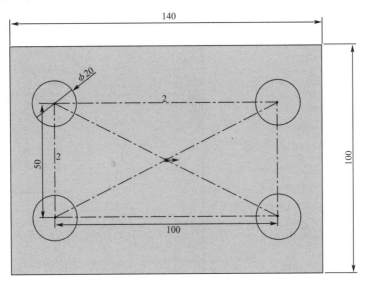

图 25-4　草图尺寸

25.2.2　添加库元素　//

　　如图 25-5 所示，依次单击【设计库】→【添加到库】按钮，弹出【添加到库】对话框，在展开的【居中对称 4 通孔】的设计树中单击特征【对称 4 通孔】，使其出现在【要添加的项目】中，选择【Design Library】文件夹，单击【确定】按钮，将其添加到【Design Library】中。

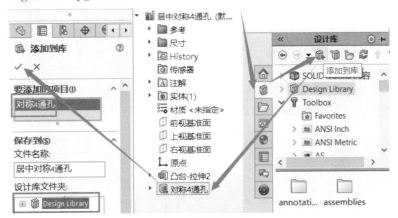

图 25-5　添加库特征

　　专家提示 1：添加的是孔特征而不是零件，在库文件中的后缀应该是".sldlfp"。

　　专家提示 2：也可以通过在设计树中，右击【居中对称 4 通孔】，在弹出的快捷菜单中选择【添加到库】命令，在设计树中选中【对称 4 通孔】特征作为要添加的项目，单击【确定】按钮，将其添加到【Design Library】文件夹中。如果右击【居中对称 4 通孔】零件名称，在弹出的快捷菜单中没有【添加到库】命令，如图 25-6 所示。则可以通过如图 25-7 所示的方法自定义快捷菜单使其【显示所有】。

217

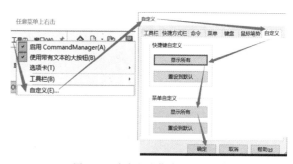

图 25-6 弹出的快捷菜单中没有【添加到库】命令   图 25-7 自定义让菜单【显示所有】

25.2.3 调用库元素 //

新建零件,生成 600 mm×400 mm×50 mm 的长方体,将 SolidWorks 右侧任务窗格【设计库】中【Design Library】文件夹内的【居中对称 4 通孔】库特征直接拖进图形区域,如图 25-8 所示;单击长方体上表面的坐标原点定位,勾选【覆盖尺寸数值】复选框,修改孔的定位尺寸 D1×D2=300 mm×500 mm,直径 D3 为 50 mm,单击【确定】按钮,完成打孔。

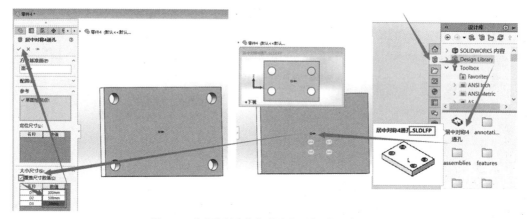

图 25-8 将库特征直接拖进图形区域以使用库元素

实例 26

认识智能扣件等智能功能

SolidWorks 提供了内置的智能扣件和智能零部件等功能,可让智能扣件和智能零部件与其他各种零部件自动执行一些设计工作,从而加快了设计过程、节省了时间和开发成本,提高了生产效率。

本例重点掌握 Toolbox 智能扣件和智能零部件,以及自制智能零部件和添加配合参考等知识。

26.1 Toolbox 智能扣件

可以使用【装配体】中的【智能扣件】工具向装配体添加 Toolbox 扣件库中的扣件。包括自动装配和适当调整长度以适应零件厚度、垫圈和螺母层叠的扣件。

如图 26-1 所示,要把两个管接头用螺栓和螺母连接在一起;可以只插入一个螺栓,就自动地装配垫圈、螺帽。

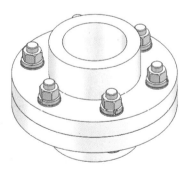

图 26-1 用【智能扣件】工具连接管接头

26.1.1 打开装配体文件并激活 Toolbox 插件 ///

打开"实例 26\智能扣件"目录下的"智能扣件－初始装配体. SLDASM"文件。在 SolidWorks 软件右上角的【设计库】中,单击【Toolbox】,再单击【现在插入】按钮来激活 Toolbox。

专家提示:要使用 Toolbox 扣件库中的标准件,用户必须将 SolidWorks Toolbox Browser 插件激活。Toolbox 插件激活后,如果没有关闭过 SolidWorks 软件,下一次就不用再激活了,可以直接使用;如果关闭过 SolidWorks,则需要再次激活。如果经常使用,可以将其设为【启动】,如图 26-2 所示,但不建议这样做。

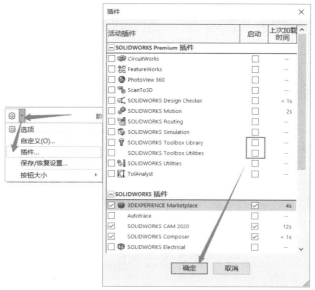

图 26-2　设置【Toolbox】插件自启动

26.1.2　添加智能扣件 //

　　单击【装配体】工具栏中的【智能扣件】按钮,单击【确定】按钮。如图 26-3 所示,选中要装配扣件的孔所在的表面,单击【添加】按钮。

　　专家提示:螺栓方向与打孔方向有关,智能扣件是无法更改方向的;螺栓头在打孔面上,因此不能将孔的草图平面选在装配结合面上。

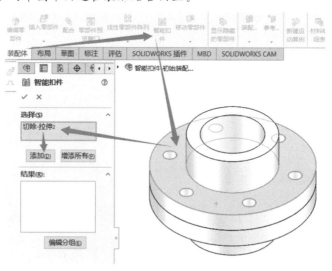

图 26-3　选择扣件装配位置

　　如图 26-4 所示,右击【扣件】列表框,在弹出的快捷菜单中选择【更改扣件类型】选项,然后在弹出的【智能扣件】对话框中选择【六角头】中的【Hex Bolt】选项,单击【确定】按钮。

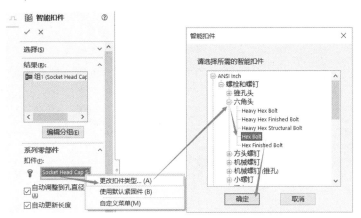

图 26-4　更改扣件类型

如图 26-5 所示,单击【添加到底层叠】下拉列表框并依次选择【Narrow Flat Washer Type B】(平垫圈)、【Extra Duty Spring Lock Washer】(弹簧垫圈)和【Hex Nut】(螺母)。接受默认的螺栓大小等参数,单击【确定】按钮,完成扣件的添加。

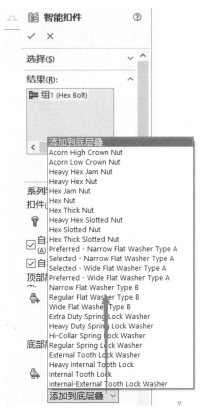

图 26-5　选择【添加到底层叠】

26.1.3　打包保存

如图 26-6 所示,依次单击【文件】→【Pack and Go】命令,在【Pack and Go】对话框中,勾选【包括 Toolbox 零部件】复选框,选中【保存到 Zip 文件】单选按钮,单击【保存】按钮。

SolidWorks 三维设计及运动仿真实例教程

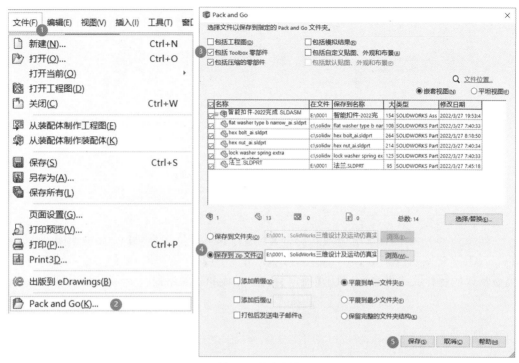

图 26-6　打包保存

专家提示：为了确保在其他计算机上也能打开智能扣件，必须用打包方式保存装配体文件。

26.2　Toolbox 智能零部件

智能零部件及自制

使用智能零部件就是选择 Toolbox 零件库中 O 形圈、键等零件的不同配置，自动创建必要的零件。

26.2.1　新建装配体

依次单击【新建】→【模板】→【装配体】按钮，插入"实例 26\Toolbox 智能零件"目录下的"阶梯轴.SLDPRT"。

专家提示：一定要新建【装配体】。

26.2.2　激活 Toolbox 插件

在 SolidWorks 软件右上角的【设计库】中，单击【Toolbox】，再单击【现在插入】按钮，来激活 Toolbox，展开其中的 GB\O-环。

26.2.3　添加智能零部件

拖动其中的 O 形圈 G 系列，到相应的轴段，单击【确定】按钮，单击【关闭】按钮，完成 O 形圈的添加，如图 26-7 所示。

222

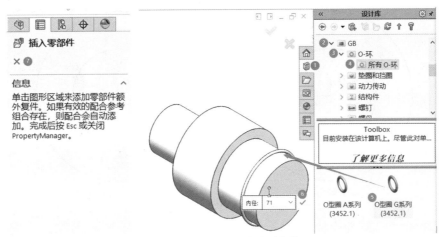

图 26-7 Toolbox 添加智能零部件

依次添加另外两段轴的 O 形圈,完成后的结果如图 26-8 所示。

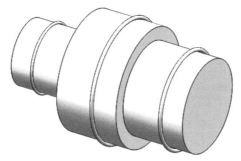

图 26-8 三段轴均已添加 O 形圈

26.2.4 打包保存 //

依次单击【文件】→【Pack and Go】按钮,在【Pack and Go】对话框中,勾选【包括 Toolbox 零部件】复选框,选中【保存到 Zip 文件】单选按钮,选择保存位置为"实例 26/ Toolbox 智能零件"并命名为"智能零部件",单击【保存】按钮。

26.3 ▲ 自制智能零部件

自制智能零部件可以根据配合尺寸创建自己的智能内容,使其在装配时能自由选择零部件的不同配置,以满足各种不同的设计需求。

26.3.1 生成零部件配置 //

26.3.1.1 生成轴套零件

生成内径为 50 mm,壁厚为 20 mm,长度为 10 mm 的轴套,并保存为"轴套(智能零部件).SLDPRT"。

专家提示:草图要能正确表达设计意图,如图 26-9 所示。

223

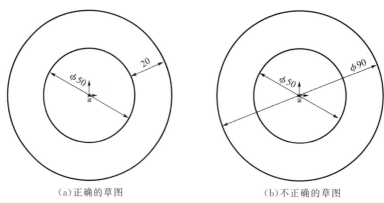

(a)正确的草图　　　　　　　　　　(b)不正确的草图

图 26-9　正确表达设计意图的草图

26.3.1.2　显示特征尺寸

在设计树中右击【注解】,在弹出的快捷菜单中选择【显示特征尺寸】选项。

26.3.1.3　添加内径配置尺寸

在图形区域中右击"轴套内径 $\phi 50$",在弹出的快捷菜单中选择【配置尺寸】选项,添加以下多个配置,轴套 1、2、3 的内径分别为 50 mm、70 mm、90 mm,单击【确定】按钮,如图 26-10 所示。单击【保存】按钮,并退出。

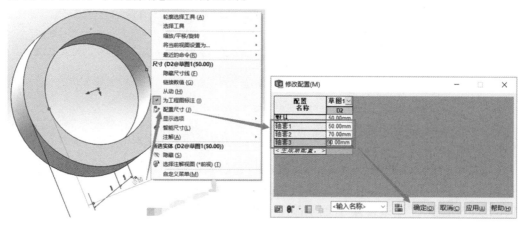

图 26-10　添加内径配置尺寸

26.3.2　制作智能零部件 //

新建装配体,将上面创建的"轴套(智能零部件).SLDPRT"插入装配环境。依次单击【工具】→【制作智能零部件】命令,如图 26-11 所示。

图 26-11　启动【制作智能零部件】命令

224

在图形区域中,单击选中轴套,勾选【直径】复选框,单击轴套内圆柱面,单击【配置器表】按钮,在【配置器表】对话框中设置不同配置对应的轴段直径范围,单击【确定】按钮,如图 26-12 所示。再次单击【确定】按钮。单击【保存】命令,将智能零部件保存为"轴套(智能零部件).SLDASM",并退出。

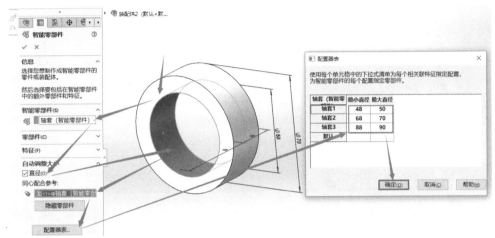

图 26-12　设置智能零部件

专家提示:【配置器表】对话框中的最小直径和最大直径,是给出了一个范围,在给定的范围内,就会自动装配其对应规格的轴套。该装配体文件可以不另外保存,因为它已经被保存在对应的零件中了,打开【轴套(智能零部件)】,会看到一个名为【智能特征】的文件夹,如图 26-13 所示。从设计树中可以看到【轴套】前面带一个闪电符号图标,此图标便表明了此零件是智能零部件。

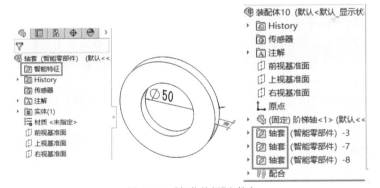

图 26-13　【智能特征】文件夹

26.3.3　使用自制智能零部件 //

新建装配体,插入"实例 26 \自制智能零部件"目录下的"阶梯轴.SLDPRT"。

单击工具栏上的【插入零部件零件】按钮,选择"轴套(智能零部件).SLDPRT",单击【打开】按钮,按住【Alt】键,将零件拖放到配合的中间轴段,可见轴套自动选择与其配合的配置尺寸,单击【确定】按钮;以此类推,添加另外两端轴的轴套。

专家提示:如果没有显示正确的配置,也可以按照如图 26-14 所示的步骤来选择正确的配置。

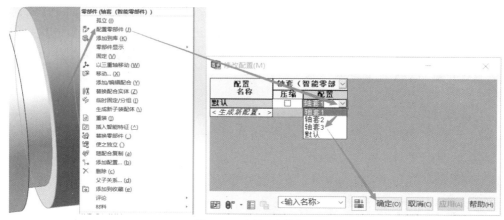

图 26-14 选择正确的配置

26.4 配合参考

【配合参考】是一种智能配合技术,它将总是以相同的配合与其他零部件装配的零件配合基准为配合参考,保存零件后,便可在装配体中插入该零件时自动按设定的【配合参考】完成配合。

26.4.1 添加配合参考 //

打开"实例26\配合参考-装配"目录下的"配合参考-零件.SLDPRT"。依次单击【插入】→【参考几何体】→【配合参考】命令,如图26-15所示,弹出【配合参考】对话框,参考名称为"默认",依次单击圆柱与六方体的交线,使【边线<1>】出现在【主要参考实体】下面(专家提示:【主要参考实体】可以是一个面、边线、顶点或基准面);单击圆柱面,使【面<1>】出现在【第二参考实体】下面,配合为【同心】;单击六方体上平面,使【面<2>】出现在【第三参考实体】下面,配合为【重合】,单击【确定】按钮,完成配合参考的添加,保存为"配合参考-零件(含配合参考).SLDPRT"。

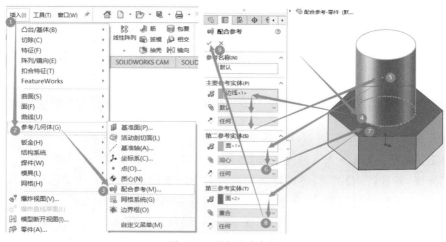

图 26-15 添加配合参考

26.4.2　使用配合参考 //

打开要使用配合参考的装配"配合参考-装配-只有地基.SLDASM",其中已经安装了待装配的地基零件,单击【插入零部件】按钮,浏览到文件"配合参考-零件(含配合参考).SLDPRT",拖放到要配合的孔处,当螺栓只能旋转不能移动时,单击放置零件,则自动添加两个预先设置的【配合参考】。重复上述步骤完成另一个孔的配合。

专家提示:添加配合参考后,会多出一个【配合参考】文件夹,如图 26-16 所示。不要添加多余的配合参考,也不要添加错误的配合参考,可以通过单击【配合参考】文件夹,右击【默认】选项,在弹出的快捷菜单中选择【编辑定义】选项来查看和修改【配合参考】;也可以选择【删除】选项以去掉多余的配合参考。

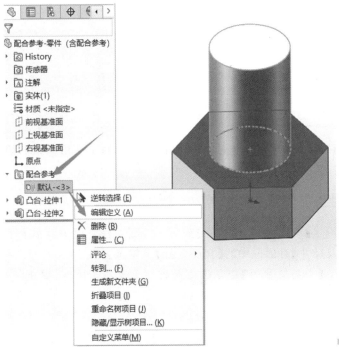

图 26-16　编辑或删除"配合参考"

实例 27

方程式参数化设计

使用全局变量和方程式建模就是在建模过程中运用运算符、函数和常量等,为建模过程中模型的参数创建关系,实现参数化设计。

本例重点掌握全局变量、方程式和方程式驱动曲线在设计中的运用。

27.1 ▲ 全局变量参数化

方程式参数
化设计

本例将以矩形体(长度为宽度的 2 倍,高度为宽度的 1/2 倍)为例,简要说明全局变量和方程式的应用。

27.1.1 添加全局变量 //

依次单击【新建】→【模板】→【零件】按钮;选择【工具】→【方程式】命令,在弹出的【方程式、整体变量及尺寸】对话框中的【全局变量】下输入:"B"=100,"L"=2*"B","H"="B"/2(专家提示:【全局变量的】是自己生成的。等号不必输入,但是等号后面的"B",需要输入引号),单击【确定】按钮,如图 27-1 所示。

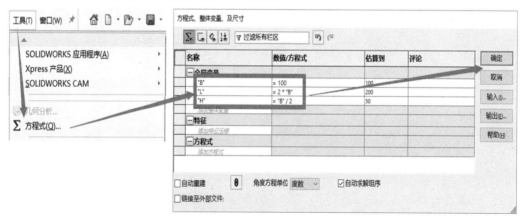

图 27-1 启动【方程式】命令和添加全局变量

27.1.2 使用全局变量 ///

选择前视基准面,绘制矩形草图,标注智能尺寸,如图 27-2 所示,在【尺寸】文本框中输入"=",依次选择【全局变量】→【B】选项,单击【确定】按钮,完成宽度 B 的标注。同理,完成长度 L 的标注。

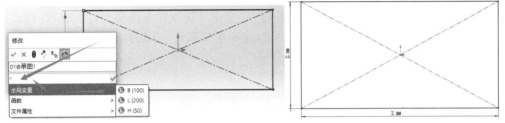

图 27-2　草图中使用全局变量

如图 27-3 所示,在【凸台-拉伸】对话框中的【给定深度】文本框中输入"=",依次选择【全局变量】→【H】选项,单击【确定】按钮,完成高度 H 的设置。获得长方体的三维参数化模型。

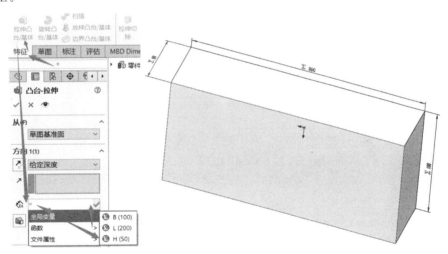

图 27-3　特征中使用全局变量

27.1.3 修改全局变量 ///

如图 27-4 所示,在设计树中,右击【方程式】选项,在弹出的快捷菜单中选择【管理方程式】,修改"B"=50,单击【确定】按钮,可见长方体模型会缩小一半。

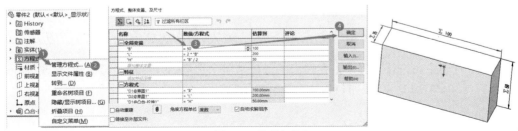

图 27-4　管理方程式

229

27.2 方程式参数化

27.2.1 显示特征尺寸 ///

依次单击【新建】→【模板】→【零件】按钮,绘制矩形草图,标注智能尺寸:长为 100,宽为 50;单击【拉伸凸台/基体】按钮,输入高度"10",完成长方体三维模型的创建;在设计树中右击【注解】按钮,在弹出的快捷菜单中选择【显示特征尺寸】命令。

27.2.2 添加方程式 ///

依次选择【工具】→【方程式】命令,在图 27-5 所示的【方程式、整体变量及尺寸】对话框中的【名称】列单击【方程式】下面的【添加方程式】按钮,然后,在图形区域单击宽度尺寸,则其尺寸名称"Dl@草图 1"会自动输入在【名称】列,在【数值/方程式】列输入"=100",完成宽度方程式的添加;再单击方程式下的单元格,并在图形区域单击长度尺寸,确定光标在【数值/方程式】列时,在图形区域单击选中宽度尺寸,并在【数值/方程式】列已有内容后添加"＊2",设置长度为宽度的 2 倍。同理,设置高度为宽度的 1/2,单击【确定】按钮。

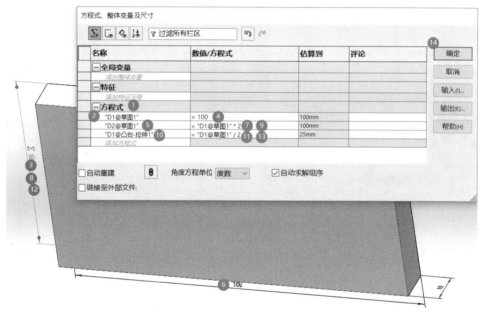

图 27-5 添加方程式

27.2.3 修改模型参数 ///

在设计树中,右击【方程式】,在弹出的快捷菜单中选择【管理方程式】命令,修改"Dl@草图 1"=50,单击【确定】按钮,可见模型会缩小一半。

27.3 方程式驱动曲线

SolidWorks 提供了螺旋线等曲线绘制工具，也可以利用曲线的函数关系式，用方程式驱动曲线绘制其他曲线。方程式驱动的曲线分为两种：显性和参数性。

27.3.1 显性方程式驱动曲线示例：抛物线 //

显性方程式驱动曲线，是在定义了起点和终点处的 X 值以后，Y 值会随着 X 值的范围自动得出。

解析式：$y = ax^2 + bx + c$，其中 a，b，c 都是常数。操作步骤如下：

新建零件，选择前视基准面，如图 27-6 所示，依次单击【草图】→【退出草图】下拉三角板中【草图绘制】按钮，依次选择【曲线】→【方程式驱动的曲线】命令。

图 27-6　启动【方程式驱动的曲线】命令

在图 27-7 中选择方程式类型为【显性】，输入方程式【y_x】"x * x－1"，【参数】中【x_1】为"－1"，【x_2】为"1"，单击【确定】按钮，完成抛物线的绘制。

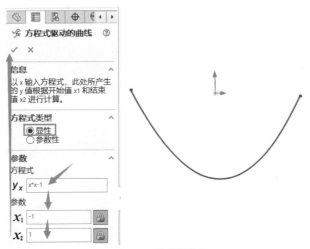

图 27-7　绘制抛物线

27.3.2 参数性方程式驱动曲线示例：渐开线 //

参数性方程式驱动曲线需要定义曲线起点和终点对应的参数 T 的范围，X 值表达式中含有变量 T，同时 Y 值定义另一个含有 T 值的表达式，这两个方程会在 T 的定义域内求解，从而生成目标曲线。

渐开线函数式：$x = r(\cos t + t \sin t)$，$y = r(\sin t - t \cos t)$，其中 r 为基圆半径，t 为参数，取弧度。操作步骤如下：

选择前视基准面，依次单击【草图】→【草图绘制】按钮，依次选择【曲线】→【方程式驱动的曲线】命令。如图 27-8 所示,选择方程式类型为【参数性】,输入方程式【x_t】为"50 $*$ [t $*$ sin(t)＋cos(t)]",【y_t】为"50 $*$ [sin(t)－t $*$ cos(t)]",【参数】中【t_1】为"0",【t_2】为"2 $*$ pi",单击【确定】按钮,完成渐开线的绘制。

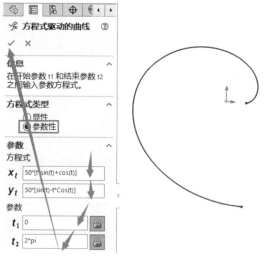

图 27-8 绘制渐开线

实例 28

槽扣钣金设计

钣金是针对金属薄板（通常在 6 mm 以下）的一种综合冷加工工艺，包括剪、冲/切/复合、折、焊接、铆接、拼接、成型（如汽车车身）等。其显著的特征就是同一零件的厚度一致。SolidWorks 为满足钣金零件的设计需求而专门定制了钣金工具。

本例重点掌握基体法兰和边线法兰等法兰创建工具的使用方法；熟悉主要钣金特征的定义及其操作步骤；熟悉断裂边角和异形孔向导等特征工具的使用方法；熟悉解除压缩、压缩的使用方法。

28.1 钣金工具

钣金工具

SolidWorks 钣金零件的最大特点是可以在设计过程中的任何时候展开。此外，钣金零件的展开图样视图是自动生成的，并可在视图中利用。

28.1.1 显示钣金工具的方法 //

默认情况下，钣金工具不显示，但是有以下三种方法可使其显示，如图 28-1 至图 28-3 所示。

方法一：钣金工具出现在【选项卡】中。（图 28-1）

图 28-1　钣金工具出现在【选项卡】中

方法二：通过【工具栏】使钣金工具出现在绘图区域左侧。（图 28-2）

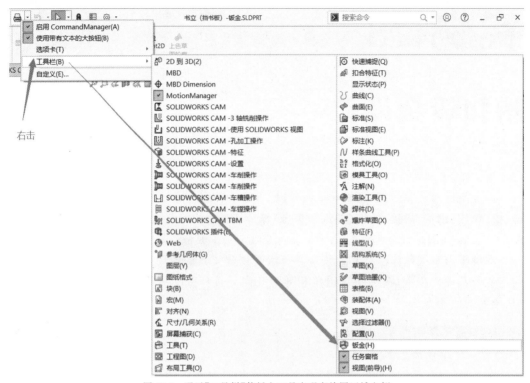

图 28-2　通过【工具栏】使钣金工具出现在绘图区域左侧

方法三：通过【自定义】使钣金工具出现在绘图区域左侧。（图 28-3）

图 28-3　通过【自定义】使钣金工具出现在绘图区域左侧

28.1.2　主要钣金特征定义及操作步骤 //

SolidWorks 主要钣金零件建模的特征定义及操作步骤，见表 28-1。

表 28-1　　　　　　　　　　主要钣金零件建模的特征定义及操作步骤

特征名称	特征定义	操作步骤
基体法兰/薄片	基体法兰是新钣金零件的第一个特征。其作用是创建钣金零件或将材料添加到现有的钣金零件。基体法兰不仅生成了零件最初的实体,而且为以后的钣金特征设置了参数	(a) (b) 1.绘制草图;2.启动命令
边线法兰	边线法兰可以利用钣金零件的边线添加法兰,还可以通过所选边线设置法兰的尺寸和方向,即将壁插入钣金零件的边线	(a) (b) 1.已有部分钣金模型;2.启动命令
斜接法兰	斜接法兰用来生成相互连接的法兰和自动生成必要的切口。它必须由一个草图轮廓来生成,且草图基准面必须垂直于生成斜接法兰的第一条边线。它可以将一系列法兰插入钣金零件的边线	1.已有部分钣金模型;2.启动命令;3.绘制草图

235

（续表）

特征名称	特征定义	操作步骤
绘制的折弯	从钣金零件的所选草图中添加折弯。如果需要在钣金零件上添加折弯，首先要在创建折弯的面上绘制一条草图线来定义折弯。该折弯类型也被称为草图折弯	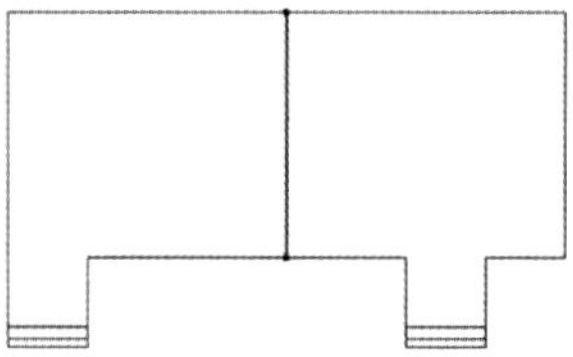 （a） 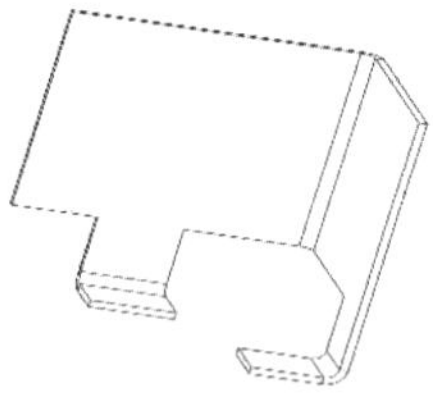 （b） 1.已有部分钣金模型；2.绘制草图；3.启动命令 （2 和 3 的顺序可以颠倒）
转折	在钣金零件中通过草图线生成两个折弯	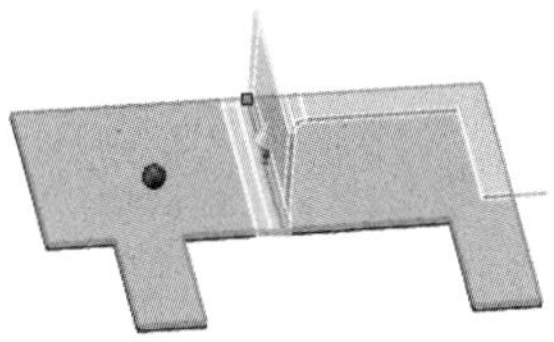 （a） 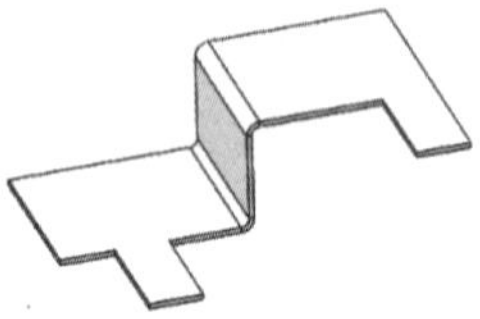 （b） 1.已有的钣金模型；2.绘制草图线； 3.启动命令后生成的模型
成型工具	可以作为折弯、伸展或成型钣金的冲模。使用充当锻模的零件来折弯、延伸或者形成钣金。成型工具包括遮光栅格、柳叶刀、法兰和筋	
展开	在钣金零件中展平选定折弯	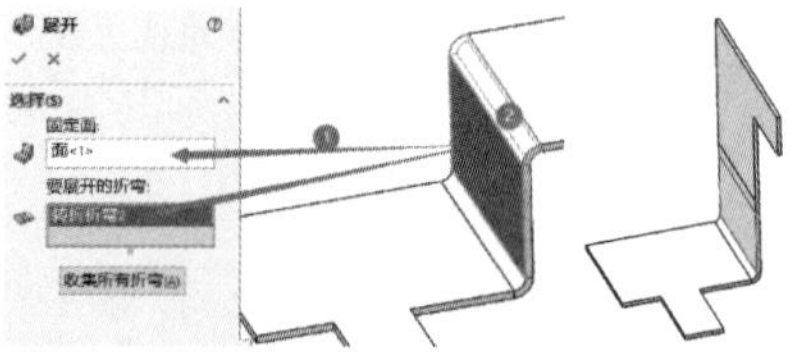

专家提示：折弯草图要绘制在折弯的面上，而不能是其他面上，如不能在上视基准面。如果绘制折弯线的草图基准面选择错了，可以通过右击【草图】选项，在弹出的快捷菜单中选择【编辑草图平面】命令来修改，如图 28-4 所示。

图 28-4　编辑草图平面

28.2　槽扣钣金设计过程规划

槽扣钣金设计过程为绘制草图、创建基体法兰、创建边线法兰、切除孔、添加断裂边角、生成工程图。

28.3　槽扣钣金设计过程

槽扣钣金设计过程

28.3.1　绘制基体法兰草图

在前视基准面上新建草图，使用直线工具绘制槽扣的完整轮廓，如图 28-5 所示。

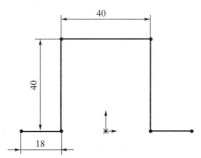

图 28-5　绘制基体法兰草图

28.3.2　创建基体法兰

依次单击【钣金】→【基体法兰】命令，在【方向 1】里设定【给定深度】为"35.00 mm"，在【钣金规格】中勾选【使用规格表】复选框，选择【K-FACTOR MM SAMPLE】；在【钣金参数】中选择【规格 4】(钣金厚度为"2.00 mm")，设置【折弯半径】为"3.00 mm"；其余默认，单击【确定】按钮，完成基体法兰的创建，如图 28-6 所示。

28.3.3　创建边线法兰

依次单击【钣金】→【边线法兰】命令，在【法兰参数】下选取图 28-7 所示的边线，单击【编辑法兰轮廓】，绘制如图 28-7 所示边线法兰的轮廓草图，单击【完成】按钮，完成轮廓的编辑。在【法兰位置】处选择【材料在内】，其余默认。单击【确定】按钮，完成边线法兰的创建。

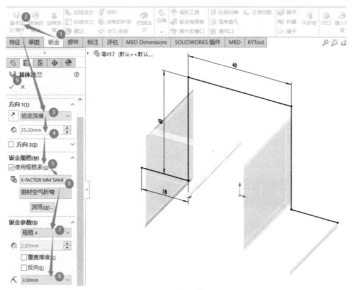

图 28-6　创建基体法兰

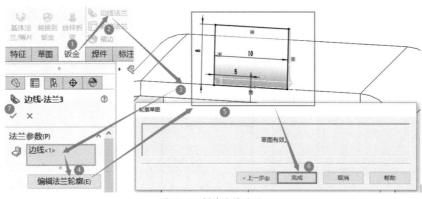

图 28-7　创建边线法兰

专家提示：如果标注不了长度 10，是因为有【在边线上】转换实体引用时产生的自动约束。删除【在边线上】约束，或者先拖动一下两条直线，就可以了。

28.3.4　切除孔　//

在【特征】工具栏中单击【异形孔向导】按钮或依次单击【插入】→【特征】→【异型孔向导】命令，选择顶面【孔类型】为【孔】，【标准】为【GB】，钻孔大小为【3.0】，在【位置】里单击【3D 草图】，并标注尺寸，单击【确定】按钮完成 3.0 直径孔 1 的创建，如图 28-8 所示。

重复该命令，在底面钻出 4 个直径为 5 mm 的孔，其中尺寸如图 28-9 所示。

28.3.5　添加断裂边角　//

依次单击【钣金】→【边角】→【断裂边角】命令；在绘图区域单击选取 6 条边线，添加倒角距离为 2 m 的边角，单击【确定】按钮，如图 28-10 所示。

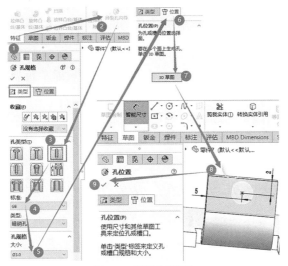

图 28-8　顶面的直通孔

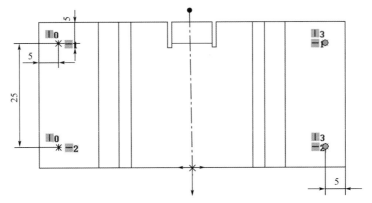

图 28-9　底面的 4 个孔

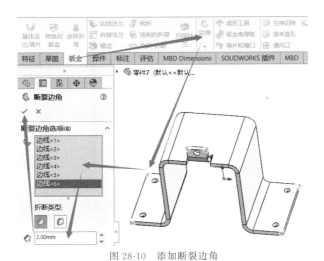

图 28-10　添加断裂边角

专家提示：也可以用【特征】→【倒角】命令。

28.3.6　平板型式 ///

在设计树中右击【平板型式 1】特征,在弹出的快捷菜单中选择【解除压缩】命令,使钣金展开成平板型式。此时在图形区域的右上角有一个【压缩平板型式】按钮,单击该按钮可以将钣金恢复到弯曲状态。

单击菜单中的【保存】命令,把该零件保存为"槽扣.SLDPRT"。

专家提示:单击【展平】按钮也可以将钣金恢复到弯曲状态,再次单击【展平】按钮又将钣金恢复到展平状态。

28.3.7　生成工程图 //

新建一个 A4 的工程图图纸,在【要插入的零件/装配体】中单击【浏览】按钮,打开刚创建的"槽扣.SLDPRT"文件,选择要放置的标准视图为上视图,将其置于工程图中作为该工程图的主视图。再利用【工程图】工具栏中的【投影视图】命令,增加该视图的左视图即可。

依次单击【插入】→【模型项目】命令,在【来源/目标】选项组的【来源】中选择【整个模型】,勾选【将项目输入到所有视图】复选项;在【尺寸】选项组中选取【为工程图标注】,并勾选【消除重复】复选框,其余默认,如图 28-9 所示。单击【确定】按钮,完成尺寸的标注。

图 28-11　插入模型项目

手动调整尺寸的位置或删除、更改尺寸标注,完成工程图的创建,保存工程图,如图 28-12 所示。

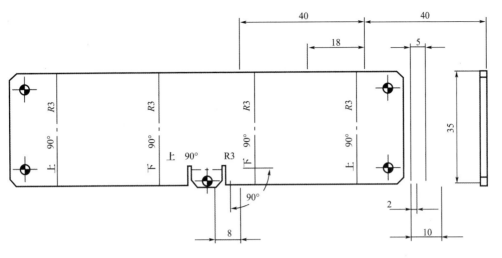

图 28-12 槽扣钣金工程图

241

实例 29

铁盒钣金设计

本例重点掌握建立钣金零件的三种方法。

29.1 ▲ SolidWorks 建立钣金零件的方法

SolidWorks 建立钣金零件的方法主要分为两类三种，见表 29-1。

表 29-1　　　　　　　　　　SolidWorks 建立钣金零件的方法

种类	方法	
使用钣金特征建立钣金零件	利用钣金设计的所有功能建模	从折弯状态建模
		从展开状态建模
由实体零件转换成钣金零件	首先按照常规方法建立零件，然后将它转换成钣金零件，这样可以将零件展开，以便于应用钣金零件的特定特征	

本例以图 29-1 所示的铁盒为例，阐述上述钣金设计的三种方法。铁盒尺寸为 300 mm×200 mm×100 mm，壁厚为 2 mm。

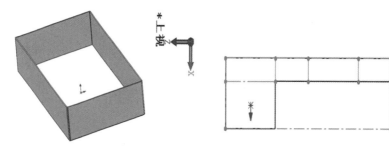

图 29-1　铁盒

29.2 ▲ 从折弯状态建模

29.2.1　新建铁盒：折弯零件文件 //

启动 SolidWorks 软件，单击【标准】工具栏中的【新建】按钮，弹出【新建 SolidWorks

文件】对话框,选择【零件】模板,单击【确定】按钮。依次选择【文件】→【另存为】命令,弹出【另存为】对话框,在【文件名】文本框中输入"铁盒-折弯",单击【保存】按钮。

29.2.2 创建盒底 ///

在设计树中选择【上视基准面】,单击【草图】工具栏中的【草图绘制】按钮进入草图绘制。单击【中心矩形】按钮,捕捉坐标原点,绘制矩形;单击【智能尺寸】按钮标注尺寸,如图 29-2 所示。

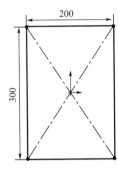

图 29-2　铁盒盒底草图

依次选择【钣金】→【基体法兰/薄片】命令,显示【基体法兰】对话框。设置厚度为 2.0 mm,单击【确定】按钮,如图 29-3 所示,生成盒底。

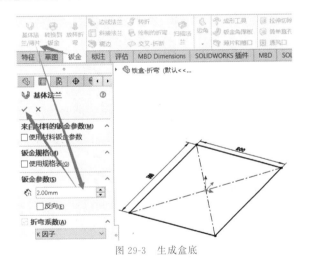

图 29-3　生成盒底

29.2.3 创建左侧面 ///

选择盒底与左侧面交线,选择【边线法兰】命令。如图 29-4 所示,在【边线-法兰】对话框中,设置【给定深度】为"100 mm",单击【确定】按钮,生成左侧面。

专家提示:单击【给定深度】前面的箭头可以改变方向;鼠标在绘图区域移动既可以改变方向又可以改变深度值。

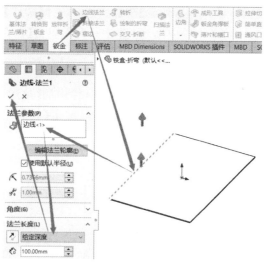

图 29-4　生成左侧面

29.2.4　创建后侧面 //

在左侧面上选择左侧面与后侧面交线,依次选择【钣金】→【边线法兰】命令。如图 29-5 所示,在【边线-法兰】对话框的【法兰长度】选项组中选择【成形到-顶点】,设置【法兰位置】为【材料在外】,捕捉右上角点,单击【确定】按钮,生成后侧面。

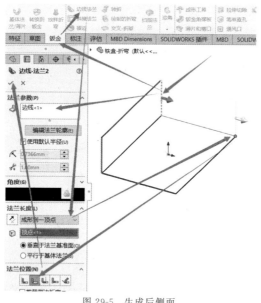

图 29-5　生成后侧面

29.2.5　创建剩余侧面 //

重复上述创建后侧面的操作步骤创建剩余侧面,在设计树中将其材料设为【普通碳钢】完成铁盒实体建模。

专家提示:如果系统提示【此零件在折弯后自相交错。】意思是说折弯后此零件的一部分和另一部分会有重叠,这样的话此特征是无法生成的。此例中,采用【成形到-顶点】,如果捕捉的顶点不对,就会出现该问题。

29.2.6 观察展平状态 ///

如图 29-6 所示,在特征树中右击【平板型式】中的【平板型式 7】,在弹出的快捷菜单中选择【解除压缩】命令即可展平铁盒。再重复上述步骤,选择【压缩】则恢复折弯状态。

图 29-6　展平设置

专家提示:【平板型式】如果是灰色,还需要右击后先选择【向前推进】或者【退回到尾】选项。

29.3 ▲ 从展开状态建模

29.3.1 新建铁盒:展平零件文件 //

启动 SolidWorks 软件,单击【标准】工具栏中的【新建】按钮,弹出【新建 SolidWorks 文件】对话框,选择【零件】模板,单击【确定】按钮。依次选择【文件】→【另存为】命令,弹出【另存为】对话框,在【文件名】文本框中输入"铁盒-展平",单击【保存】按钮。

29.3.2 创建钣金料板 //

在特征管理器设计树中选择【上视基准面】,单击【草图】工具栏中的【草图绘制】按钮进入草图绘制。单击【直线】按钮,绘制草图;单击【智能尺寸】按钮标注尺寸,如图 29-7 所示。

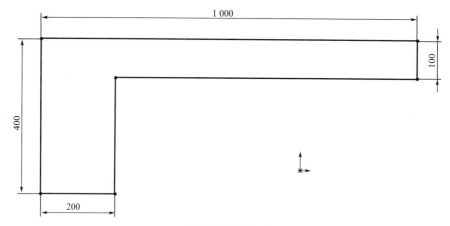

图 29-7　铁盒料板

依次选择【钣金】→【基体法兰】命令，显示【基体法兰】对话框。设置厚度为"2.0 mm"，单击【确定】按钮，生成铁盒料板。

29.3.3　折弯盒底

首先，绘制折弯线，选择铁盒料板的上表面，依次单击【草图】→【草图绘制】按钮，再单击【直线】按钮绘制如图 29-8 所示的草图；然后，启动【绘制的折弯】命令，单击【钣金】工具栏中的【绘制的折弯】按钮或依次选择【钣金】→【绘制的折弯】命令，弹出【绘制的折弯】对话框，单击选择铁盒料板的盒底部位作为固定面，设置【折弯位置】为【材料在内】，【角度】为"90.00 度"，单击【确定】按钮，完成折弯盒底。

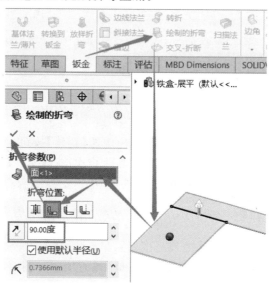

图 29-8　盒底折弯线及【绘制的折弯】操作

29.3.4　折弯盒侧面

选择侧面板面，单击【草图】工具栏中的【草图绘制】按钮，进行折弯线的绘制，再单击

【直线】等按钮绘制草图,单击【智能尺寸】按钮标注尺寸,如图 29-9 所示。

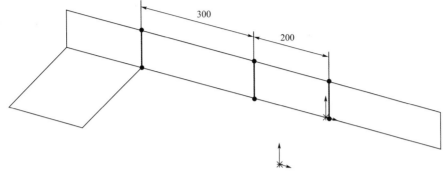

图 29-9　绘制盒侧面折弯线草图

单击【钣金】工具栏中的【绘制的折弯】按钮或依次选择【插入】→【特征】→【钣金】→【绘制的折弯】命令,显示【绘制的折弯】对话框,如图 29-10 所示,单击选择铁盒侧面的最左部位作为固定面,设置【折弯位置】为【折弯在外】,【角度】为"90.00 度",单击【确定】按钮,折弯得到铁盒模型。

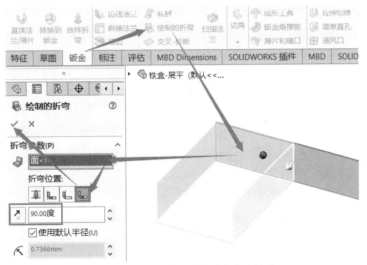

图 29-10　用【折弯在外】方式折弯盒侧面

29.4　实体转换到钣金

29.4.1　新建铁盒:实体转换 //

启动 SolidWorks 软件,单击【标准】工具栏中的【新建】按钮,弹出【新建 SolidWorks 文件】对话框,选择【零件】模板,单击【确定】按钮。依次选择【文件】→【另存为】命令,弹出【另存为】对话框,在【文件名】文本框输入"铁盒-实体转换",单击【保存】按钮。

29.4.2　创建实体模型 //

在设计树中选择【上视基准面】,单击【草图】工具栏中的【草图绘制】按钮进入草图绘制。单击【中心矩形】按钮,捕捉坐标原点,绘制矩形;单击【智能尺寸】按钮标注尺寸,如图 29-2 所示。

单击【特征】工具栏中的【拉伸凸台/基体】按钮,如图 29-11 所示,在【凸台-拉伸】对话框中设置【给定深度】为"100.00 mm",单击【确定】按钮,生成实体模型。

图 29-11　铁盒的三维实体

29.4.3　应用钣金特征

依次单击【钣金】→【转换到钣金】按钮或依次选择【插入】→【钣金】→【转换到钣金】命令;如图 29-12 所示,在属性管理器中,在【钣金参数】下选择三维模型底面作为钣金零件的固定面。将钣金厚度设置为"2.00 mm",并将【折弯的默认半径】设置为"2.00 mm"。在【折弯边线】中选择一条底面边线和三条侧面交线作为折弯边线,标注即会附加到折弯和切口边线,单击【确定】按钮,得到铁盒的钣金模型。

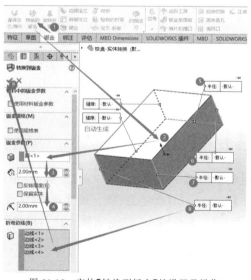

图 29-12　实体【转换到钣金】的设置及操作

29.4.4 展开零件 ///

在特征树中右击【平板型式】中的【平板型式 7】，在弹出的快捷菜单中选择【解除压缩】命令即可展平铁盒。再重复上述步骤，选择【压缩】命令则恢复折弯状态。

29.5 ▲ 生成铁盒工程图

29.5.1 打开工程图 ///

单击【标准】工具栏中的【新建】按钮，弹出【新建 SolidWorks 文件】对话框，选择【工程图】模板，选择【gb_a3】，建立新的工程图。

29.5.2 标准三视图 ///

依次单击【工程图】→【标准三视图】或者依次选择【插入】→【工程图视图】→【标准三视图】命令。在【标准三视图】对话框中，单击【浏览】按钮，弹出【打开】对话框，选择所需要打开的钣金零件文件"铁盒-实体转换.SLDPRT"，单击【打开】按钮，即可生成对应钣金零件的标准三视图。

29.5.3 添加平板视图 ///

依次单击【工程图】→【模型视图】或者依次选择【插入】→【工程图视图】→【模型】命令，显示【模型视图】对话框，单击【浏览】按钮，在【打开】对话框中选择所需要打开的钣金零件文件"铁盒-实体转换.SLDPRT"，单击【打开】按钮。单击【模型视图】对话框【方向】选项组的【更多视图】列表框中选择【平板型式】，在【平板型式显示】下设置角度为"90.00度"，如图 29-13 所示。

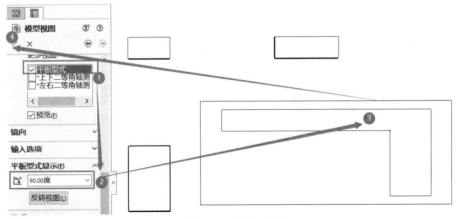

图 29-13 铁盒工程图

专家提示：除了在【平板型式显示】下设置角度外，也可以单击【上视】【下视】等按钮来旋转视图。

实例 30

计算机机箱风扇支座钣金设计

本例重点掌握褶边、自定义成形工具及通风口等钣金特征工具的使用方法；熟悉基体法兰和边线法兰等法兰创建工具的使用方法；熟悉解除压缩、压缩的使用。

30.1 ▲ 计算机机箱风扇支座钣金设计过程规划

该钣金件是一个比较复杂的钣金零件，在设计过程中，综合运用了钣金的各项设计功能，其建模过程为生成基体法兰、生成褶边、生成边线法兰、生成拉伸切除特征、自定义成形工具、使用自定义成形工具、添加阵列成形、生成通风口、生成边线法兰、展开计算机机箱风扇支座。

30.2 ▲ 计算机机箱风扇支座钣金设计过程

计算机机箱风扇
支座钣金设计过程

30.2.1 生成基体法兰 /////////////////

30.2.1.1 新建零件
单击【新建】按钮，创建一个新的零件文件。

30.2.1.2 绘制草图
在前视基准面绘制如图 30-1 所示的基体法兰草图。将水平线与原点添加【中点】约束（专家提示：亦可添加水平线中点与原点的【重合约束】），两边添加【相等】约束，单击【退出草图】生成草图。

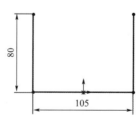

图 30-1 基体法兰草图

专家提示：先用【边角矩形】绘制矩形，然后删除一条边是最快的。

30.2.1.3　生成基体法兰特征

依次单击【钣金】→【基体法兰/薄片】按钮,在【基体法兰】对话框中【方向 1】的【终止条件】下拉列表中选择【两侧对称】,在【深度】文本框中输入"110.00 mm",在【厚度】文本框中输入"0.50 mm",设置圆角半径为"1.00 mm",其他默认(专家提示:折弯系数下的折弯类型默认为【折弯系数】,数值为"0"),单击【确定】按钮,生成如图 30-2 所示的生成基体法兰。

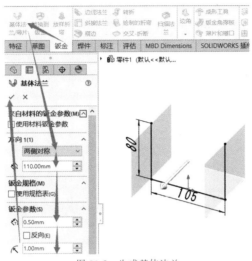

图 30-2　生成基体法兰

30.2.2　生成褶边

依次单击【钣金】→【褶边】按钮,或依次单击【插入】→【钣金】→【褶边】命令;用鼠标单击拾取前面的 3 条边线(专家提示:先单击边,再启动命令也可以);在对话框中单击【材料在内】按钮,在【类型和大小】选项组中单击【闭合】按钮,设置长度为"8.00 mm"。其他设置默认,单击【确定】按钮,完成褶边的创建,如图 30-3 所示。

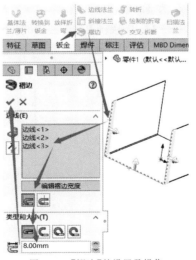

图 30-3　【褶边】的设置及操作

30.2.3　生成边线法兰 //

　　单击鼠标拾取顶部左侧的边线，依次单击【钣金】→【边线法兰】按钮，在【边线-法兰1】对话框中的【法兰长度】中输入"10.00 mm"，单击【外部虚拟交点】按钮，在【法兰位置】选项组中单击【折弯在外】按钮，单击【编辑法兰轮廓】按钮，进入编辑法兰轮廓状态，完成草图及尺寸标注后，单击【完成】按钮，单击【确定】按钮，如图 30-4 所示。

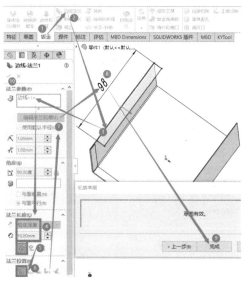

图 30-4　生成边线法兰

　　专家提示：标注尺寸之前，需要先选中顶部左侧的边线，单击【草图】工具栏里的【显示/删除几何关系】按钮，删除其【在边线上】的约束。

　　重复该命令，生成钣金件的另一侧面上的边线法兰特征。

30.2.4　生成拉伸切除特征 //

30.2.4.1　选择绘图基准面

　　单击右侧的边线法兰面，单击【标准视图】工具栏中的【正视于】按钮，将该面作为草图绘制平面。绘制如图 30-5 所示的草图 2，并标注尺寸。

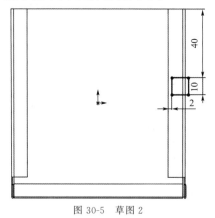

图 30-5　草图 2

单击【特征】工具栏中的【拉伸切除】按钮,在【拉伸-切除】对话框中【距离】文本框中输入"1.50",单击【确定】按钮。

30.2.4.2 添加边线法兰

选取边线,依次单击【钣金】→【边线法兰】,在【边线-法兰3】对话框中的【法兰长度】文本框中输入"6.00 mm",单击【外部虚拟交点】按钮,在【法兰位置】选项组中单击【折弯在外】按钮,其他设置默认;单击【编辑法兰轮廓】按钮,进入编辑法兰轮廓状态。删除【在边线上】的约束,通过标注尺寸编辑法兰轮廓,如图30-6所示。单击【确定】按钮,结束对法兰轮廓的编辑。

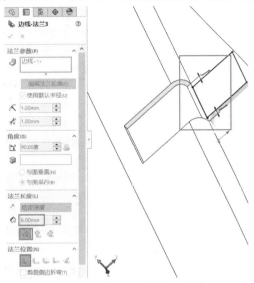

图30-6 【边线-法兰】的设置及操作

30.2.4.3 生成边线法兰上的孔

在边线法兰面上绘制一个直径为3 mm的圆,如图30-7所示。依次单击【特征】→【拉伸切除】,设定【方向1】为【完全贯穿】,单击【确定】按钮,完成拉伸切除操作。

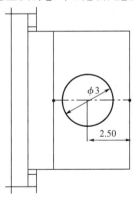

图30-7 边线法兰上的孔

30.2.4.4 生成拉伸切除特征

单击钣金件顶面,单击【标准视图】工具栏中的【正视于】按钮,将该面作为草图绘制平面。绘制如图30-8所示的4个矩形,并标注尺寸。

专家提示:线性草图阵列时,【方向1】为"X-轴",将角度设置成"270.00度",实际上是在沿着Y轴阵列。

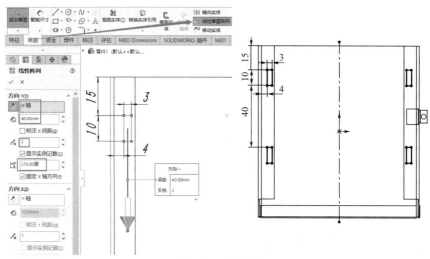

图 30-8 4 个矩形

单击【特征】工具栏中的【拉伸切除】按钮,在【拉伸-切除】对话框中的【距离】文本框中输入"0.50",单击【确定】按钮,生成拉伸切除特征。

30.2.5 自定义成形工具

专家提示:在钣金设计过程中,如果设计库中没有需要的成形特征,就要自己创建。

30.2.5.1 建立新文件

单击【标准】工具栏中的【新建】按钮,单击【零件】按钮,然后单击【确定】按钮,创建一个新的零件文件。

30.2.5.2 拉伸凸台

选择前视基准面作为草图绘制平面。在草图上先绘制一个圆心落在原点上的圆,再绘制三条直线,其中两条直线与圆为相切约束,剪裁多余的线,添加尺寸,完成草图 3,如图 30-9 所示。依次单击【特征】→【拉伸凸台】;在【方向 1】的距离文本框中输入"2.00",单击【确定】按钮。

30.2.5.3 拉伸另一凸台

单击拉伸实体的一个面作为草图 4 的绘制平面。绘制一个矩形,矩形要大于拉伸实体的投影面积(专家提示:至少距离大于 1.5 mm 以上,因为后面要倒 1.5 mm 的圆角,而圆角要保留,长方体要被切除),如图 30-10 所示。依次单击【特征】→【拉伸凸台】;在【方向 1】的【距离】文本框中输入"5.00",单击【确定】按钮。

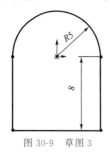

图 30-9 草图 3

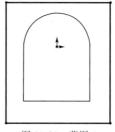

图 30-10 草图 4

30.2.5.4　生成圆角特征

单击【特征】工具栏中的【圆角】按钮,选择【圆角类型】为【恒定大小圆角】,在【圆角半径】文本框中输入"1.50 mm",单击鼠标拾取图 30-11 所示的实体边线,单击【确定】按钮生成圆角 1。

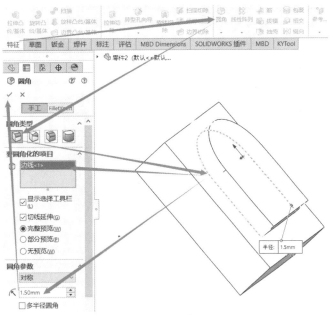

图 30-11　圆角 1

重复该圆角命令,选取图 30-12 所示的实体另一条边线,设置【圆角半径】为"0.5 mm",单击【确定】按钮,完成圆角 2 的创建。

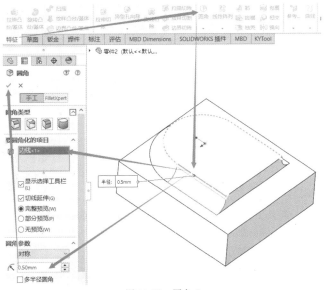

图 30-12　圆角 2

30.2.5.5　拉伸切除

选择长方体的顶面作为草图绘制平面。单击【草图】工具栏中的【绘制草图】按钮,然后单击【草图】工具栏中的【转换实体引用】按钮,将选择的长方体顶面转换成矩形图素,如

图 30-13 所示。单击【特征】工具栏中的【拉伸切除】按钮,在【拉伸-切除】对话框中【方向1】的终止条件中选择【完全贯穿】,单击【确定】按钮,完成拉伸切除操作。

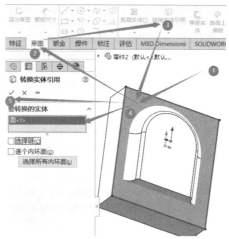

图 30-13　拉伸切除草图的【转换实体引用】

专家提示:不要勾选【选择链】复选框,否则拉伸切除后,会多出一个矩形框。

30.2.5.6　分割线

选择实体上顶面作为草图绘制平面,在平面上绘制一个圆,圆心与原点重合,标注尺寸,完成草图 5 的绘制,如图 30-14 所示。

依次单击【插入】→【曲线】→【分割线】命令,弹出【分割线】对话框,在【分割类型】中选中【投影】单选按钮,在【要投影的草图】选项组中选择"圆"草图(当前草图),在【要分割的面】选项组中选择上表面,单击【确定】按钮,完成分割线操作,如图 30-15 所示。

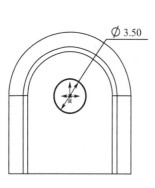

图 30-14　草图 5

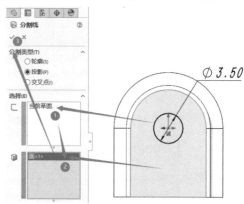

图 30-15　【分割线】的设置及操作

30.2.5.7　更改成形工具切穿部位的颜色

在使用成形工具时,如果遇到成形工具中红色的表面,软件系统将对钣金零件做切穿处理。因此,在生成成形工具时,需要切穿的部位要将其颜色更改为红色。拾取分割线内的圆形区域,单击【标准】工具栏中的【编辑外观】按钮,如图 30-16 所示,弹出【颜色】对话框。选择【红色】RGB 标准颜色(R=255,G=0,B=0),其他设置默认,单击【确定】按钮。

30.2.5.8　绘制成形工具定位草图

单击底面作为草图绘制平面。单击【草图绘制】按钮,再单击【草图】工具栏中的【转换实体引用】按钮,将选择的表面转换成图素。单击【草图】工具栏中的【中心线】按钮,绘制两条互相垂直的中心线,中心线交点与圆心重合,终点都与圆重合,如图 30-17 所示,单击退出草图。以"风扇螺钉口成形工具"为名保存零件。

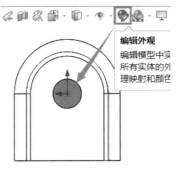

图 30-16　设置切穿部位为红色

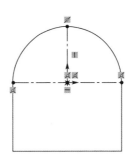

图 30-17　草图 6

30.2.5.9　保存成形工具

在设计树中右击成形工具零件名称,在弹出的快捷菜单中选择【添加到库】命令,如图 30-18 所示。

系统弹出【添加到库】对话框,在【设计库文件夹】选项组中选择【lances】文件夹作为成形工具的保存位置,如图 30-19 所示,单击【确定】按钮,完成对成形工具的保存。

专家提示:文件名称自动显示成"风扇螺钉口成形工具",保存类型为"SLDPRT";也可以在这里更改文件名称。

图 30-18　启动【添加到库】命令　　图 30-19　【添加到库】对话框的设置及操作

30.2.6　使用自定义成形工具 //

单击系统右侧的【设计库】按钮,根据上述路径找到成形工具的文件夹,找到需要添加的成形工具"风扇螺钉口成形工具",将其拖放到钣金零件的侧面,如图 30-20 所示。

单击【位置】选项,标注尺寸后,单击【确定】按钮,如图 30-21 所示。

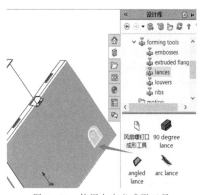

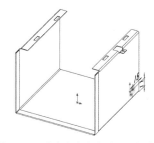

图 30-20　使用自定义成形工具　　　　　　　图 30-21　确定自定义成形工具的位置

30.2.7　添加阵列成形 //

30.2.7.1　线形阵列

单击【特征】工具栏中的【线性阵列】按钮,在【线性阵列】对话框中的【方向 1】选项组中的【阵列方向】栏中单击鼠标,拾取钣金件的一条边线,单击【切换阵列方向】按钮,在【间距】文本框中输入"80.00 mm",设置【阵列数】为"2",然后在设计树中单击【风扇螺钉口成形工具 1】,单击【确定】按钮,完成对成形工具的线形阵列,结果如图 30-22 所示。

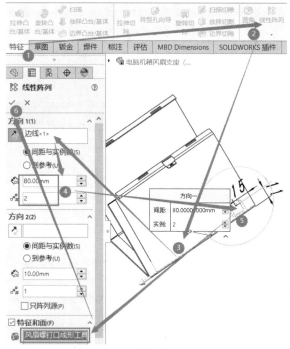

图 30-22　【线性阵列】特征

30.2.7.2　镜向

单击【特征】工具栏中的【镜向】按钮,在【镜向】对话框中的【镜向面/基准面】选项组中单击鼠标,在设计树中单击【右视基准面】作为镜向面,在【要镜向的特征】选项组中单击【阵列(线形)1】作为要镜向的特征,其他设置默认,如图 30-23 所示,单击【确定】按钮,完成镜向。

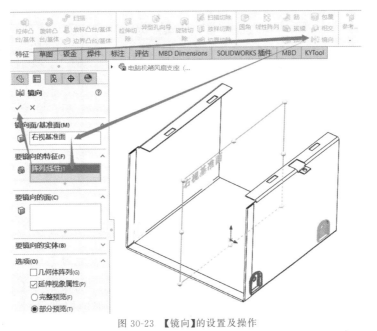

图 30-23 【镜向】的设置及操作

30.2.8 生成通风口 //

30.2.8.1 绘制草图

选取底面作为草图绘制平面,绘制 4 个同心圆,标注直径尺寸。再单击【草图】工具栏中的【直线】按钮,绘制两条互相垂直的过圆心的直线,如图 30-24 所示。

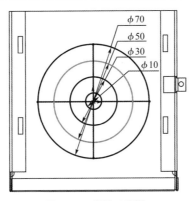

图 30-24 通风口草图

30.2.8.2 生成通风口特征

依次单击【插入】→【扣合特征】→【通风口】"命令,弹出【通风口】对话框。选择通风口草图中的直径最大的圆作为边界,输入【圆角半径】为"2.00 mm";在草图中选择两条互相垂直的直线作为通风口的筋,输入【筋】的宽度数值"4.00 mm";在草图中选择中间的两个圆作为通风口的翼梁,输入翼梁的【宽度】为"4.00 mm",如图 30-25 所示。

259

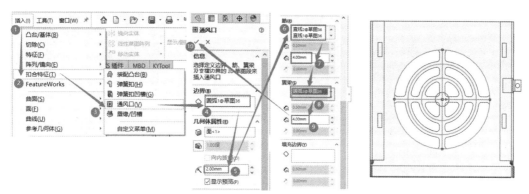

图 30-25　【通风口】的设置与操作

30.2.9　生成边线法兰 ///

30.2.9.1　绘制草图

选取图 30-26 所示的边线，再依次单击【钣金】→【边线法兰】命令，在【边线-法兰 4】对话框中的【法兰长度】文本框中输入"10.00 mm"，单击【外部虚拟交点】按钮，在【法兰位置】选项组中单击【材料在内】按钮，选中【剪裁侧边折弯】复选框，其他设置默认，单击【确定】按钮，生成向下的法兰。

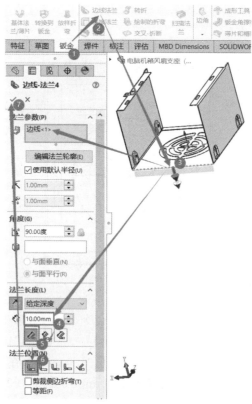

图 30-26　生成向下的法兰

30.2.9.2 断裂边角

依次单击【钣金】→【边角】→【断裂边角】命令,选取图30-27所示的两条边线作为圆角对象,输入圆角半径值"5.00",单击【确定】按钮。

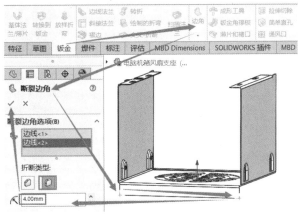

图 30-27 断裂边角

30.2.9.3 暗销孔

依次单击【特征】→【异形孔向导】按钮或者依次单击【插入】→【特征】→【孔向导】命令。在【孔规格】对话框中选中【孔】【完全贯穿】选项,输入【孔直径】为"3";单击【位置】按钮,给孔添加如图30-28所示的尺寸,单击【确定】按钮。

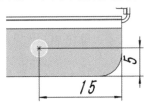

图 30-28 暗销孔的位置

30.2.9.4 镜向暗销孔

依次单击【特征】→【镜向】按钮,选择右视基准面为镜向面,暗销孔为要镜向的特征,单击【确定】按钮。

30.2.10 展开计算机机箱风扇支座 ///

右击设计树中的"平板型式1",在弹出的快捷菜单中单击【解除压缩】命令,将钣金零件展开,单击【保存】按钮,以"计算机机箱风扇支座"为文件名保存文件。

实例 31

桌几焊件设计

现实社会中,许多结构都是由型材焊接而成。SolidWorks 为这些焊接件提供了独特的设计方式,既减少了设计环节,又做到了参数化关联。

SolidWorks 软件焊接件有两种建模方式:一种是装配体方式,每个组成部分都作为单独的零件;另一种是焊接件模式,每个组成部分作为一个切割清单项目,共用一个零件模型。第一种方式方便每个组成部分独立导出工程图,但是建模和修改不方便,且型材不能享受 SolidWorks 软件焊接模块带来的便利;第二种方式要将每个组成部分保存为独立零件时不方便,涉及的主要问题是如何将切割清单级别的属性信息(代号、名称)提升为零件级别的属性信息,本例主要解决这个问题。

本例重点掌握焊件的设计步骤;要能够正确添加 GB 焊件型材库。

31.1 ▲ 桌几焊件

创建桌几焊件的流程是,首先,用 2D 草图和 3D 草图来定义焊接零件的基本框架;然后,沿草图线段添加结构构件。

31.1.1 绘制基本框架 ///

首先打开 SolidWorks 软件,新建一个零件,依次单击【草图】→【3D 草图】(位于【草图绘制】的下三角内)命令。依次选择【上视基准面】→【正视于】,用【中心矩形】绘制如图 31-1 所示的草图,保证四条边分别"沿 X 轴"和"沿 Z 轴",即完全定义了草图。

桌几焊件
设计

将视图定向为等轴测,单击【直线】工具,分别单击【矩形的四个顶点】绘制四条直线;添加【智能尺寸】为"200 mm",设置【平行于 Y 轴】【相等】等几何关系,如图 31-2 所示,单击退出草图,完成 3D 草图的创建,保存为"桌几焊件"。

专家提示:该 3D 草图是一次绘制完成的,即结束后设计树中只能多出一个名为"3D草图 1"的特征;切记中间不可单击完成草图。

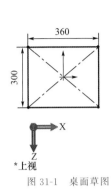

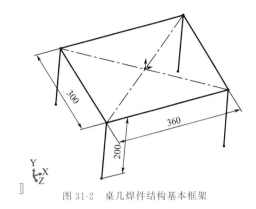

图 31-1 桌面草图　　　　　　　　　　图 31-2 桌几焊件结构基本框架

31.1.2 添加结构构件 //

　　依次单击【焊件】→【结构构件】按钮或者依次选择【插入】→【焊件】→【结构构件】命令，属性管理器中显示【结构构建】，在【选择】选项组的【标准】下拉列表中选择【iso】，在【类型】下拉列表中选择【方形管】，在【大小】下拉列表中选择【20×20×2】；选中桌面的 4 条边线，勾选【应用边角处理】复选框并单击【终端斜接】按钮；单击【确定】按钮，沿桌面的四条线段添加结构构件，如图 31-3 所示。重复上述步骤，沿桌腿的 4 条线段添加结构构件。

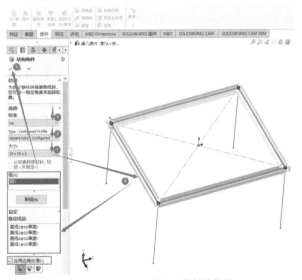

图 31-3 为桌面添加方形管结构构件

31.1.3 剪裁结构构件 //

　　剪裁结构构件的目的是使各个结构构件在焊件零件中相互正确对接。这里要剪裁的是交叉构件的末端，即床腿构建与桌面交叉的地方。依次单击【焊件】→【剪裁/延伸】按钮或者依次选择【插入】→【焊件】→【剪裁/延伸】命令。在【剪裁/延伸】对话框的【边角类型】选项组中，单击【终端剪裁】按钮。在图形区域中为【要剪裁的实体】单击选择桌腿构件，在【剪裁边界】选项组中选中【实体】单选按钮，并在图形区域中单击选中四个桌面构件，单击【确定】按钮，桌腿构件被剪裁为与桌面构件齐平，如图 31-4 所示。

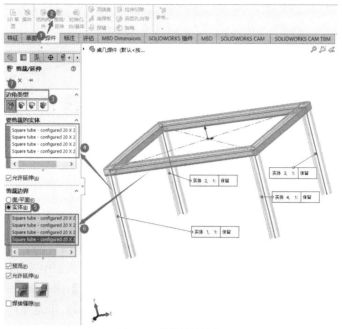

图 31-4　剪裁结构构件

31.1.4　添加角撑板 ///

　　放大左上角。依次单击【焊件】→【角撑板】按钮或者依次选择【插入】→【焊件】→【角撑板】命令,弹出【角撑板】对话框,如图 31-5 所示,在【角撑板】对话框的【支撑面】选项组中,选择图示两个面作为角撑板的两个直角面;在【轮廓】选项组中,单击【三角形轮廓】,将【轮廓距离 1】和【轮廓距离 2】均设为"45.00 mm",单击【内边】,将【厚度】选为【两边】设置为"5.00 mm";在【位置】选项组中单击【轮廓定位于中点】,单击【确定】按钮。重复上述步骤为另外 3 个角添加角撑板。

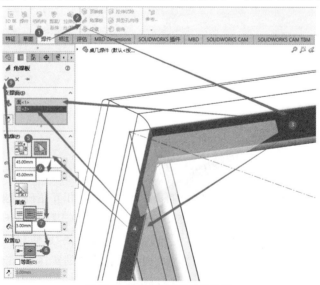

图 31-5　【角撑板】的设置及操作

31.1.5　添加圆角焊缝 //

　　放大显示右上角,依次选择【插入】→【焊件】→【圆角焊缝】命令,弹出【圆角焊缝】对话框,如图 31-6 所示,在【圆角焊缝】对话框中,设【焊缝类型】为【全长】,【圆角大小】设为"5.00 mm",为【第一组】选择角撑板上、下面,为【第二组】选择结构构件的两个侧面。单击【确定】按钮生成圆角焊缝和注解。同样操作,添加另外三个角的【圆角焊缝】命令。

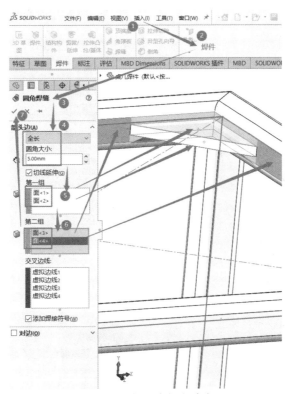

图 31-6　添加【圆角焊缝】命令

31.1.6　生成子焊件 //

　　可将相关实体分组成子焊件。桌面构件生成一子焊件,将 4 个结构构件线段组合在一起。如图 31-7 所示,在设计树中打开【切割清单】下拉菜单,按〈Ctrl〉键并选择【桌面构架】,所选实体在图形区域中高亮显示。右击【桌面构架】并在弹出的快捷菜单中选择【生成子焊件】命令。包含所选 4 个桌面实体,名为"子焊件 1(4)"的新文件夹会出现在【切割清单(14)】中,双击更名为"桌面子焊件"。

　　专家提示:双击如图 31-8 所示的英文名称,重命名为"桌面构架",其下的 4 个模型的名称都会跟着改变。

31.1.7　生成切割清单项目 //

　　可在工程图图纸上显示【切割清单】,【切割清单】将相同项目分成组,如 4 个角撑板或两个 I-横梁构件。在设计树中扩展【切割清单(20)】。右击【切割清单(20)】并在弹出的快捷菜单中选择【更新】命令。

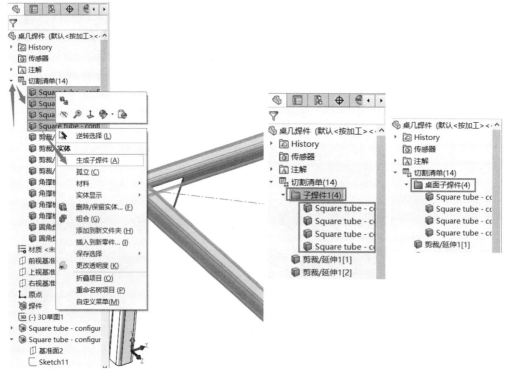

图 31-7　生成子焊件

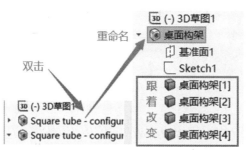

图 31-8　将英文名称改为中文

31.1.8　焊件工程图

31.1.8.1　新建工程图

单击【标准】工具栏的【新建】按钮,生成一新工程图。在 PropertyManager 的【模型视图】中,执行下列操作:

在【要插入的零件/装配体】中选择"桌几焊件";单击【下一步】按钮;在【方向】选项组的【更多视图】中,选择【上下二等角轴测】;在【尺寸类型】中选择【真实】。单击放置视图,然后根据需要调整比例。单击【确定】按钮,关闭 PropertyManager,如图 31-9 所示。

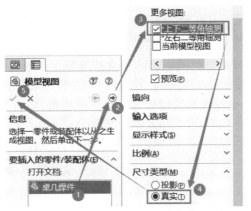

图 31-9 生成"真实"的"上下二等角轴测"图

31.1.8.2 添加焊接符号

单击【注解】工具栏的【模型项目】按钮。在 PropertyManager 中,在【来源/目标】选项组中选择【来源】为【整个模型】。在【尺寸】选项组中选择【为工程图标注】,在【注解】选项组中选择【焊接】,单击【确定】按钮,如图 31-10 所示。将焊接注解插入工程图视图中,拖动注解定位。

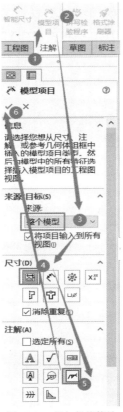

图 31-10 添加焊接符号

专家提示:分组不合理会导致焊接符号有的显示有的不显示,这是因为一般情况下,一组仅显示一次。

31.2 SolidWorks 焊件设计步骤

SolidWorks 软件焊件设计步骤：首先，建立整体框架轴线草图；然后，将焊接型材库中的工字梁等不同型材放置到对应的草图线段上，并对交叉部位进行剪裁，建立主体结构；再然后，添加焊缝、角支撑板和顶端盖等常用焊件结构；最后，生成和管理焊接切割清单，以便生成焊接工程图时自动生成信息关联的 BOM，并能标注序号。

在某些情况下，如为了运输方便，希望把大型焊接件进行拆分，分成若干单独的小焊件，这些较小的焊件称为"子焊件"。子焊件可以被单独保存，即将子焊件文件夹中的所有实体保存为一个独立的文件，从而可以很方便地为子焊件建立工程图。

31.3 GB 焊件型材库的添加

SolidWorks 软件提供了非常丰富的型材库，包括常用的圆管、矩形管、角钢、T 形梁、工字梁和 C 形槽钢等，支持 ANSI 和 ISO 两种标准，除此之外也可以建立企业自己的特殊型材库。

在网上下载 GB 型材后，添加与使用步骤：在 SolidWorks 软件环境中依次选择【选项】→【系统选项】→【文件位置】命令，在弹出对话框的【显示下项的文件夹】列表中选择【焊件轮廓】，单击【添加】按钮，浏览【GB 焊件型材库】文件夹，单击【选择文件夹】按钮，单击【确定】按钮，如图 31-11 所示。

图 31-11 添加 GB 焊件型材库

专家提示：直接将【GB 焊件型材库】文件夹粘贴到安装目录"C:\Program Files\SOLIDWORKS Corp\SOLIDWORKS\lang\chinese-simplified\weldment profiles"下面，如图 31-12 所示，以扩展型材库。

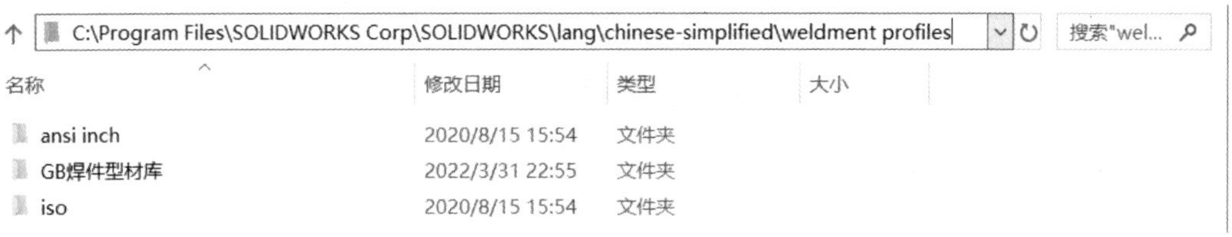

名称	修改日期	类型	大小
ansi inch	2020/8/15 15:54	文件夹	
GB焊件型材库	2022/3/31 22:55	文件夹	
iso	2020/8/15 15:54	文件夹	

图 31-12 将【GB 焊件型材库】直接粘贴到安装目录

参考文献

[1] 罗蓉,王彩凤,严海军. SOLIDWORKS 参数化建模教程[M]. 北京:机械工业出版社,2021.

[2] 商跃进,曹茹等. SolidWorks 2018 三维设计及应用教程[M]. 北京:机械工业出版社,2020.

[3] 鲍仲辅,吴任和. SolidWorks 项目教程[M]. 北京:机械工业出版社,2019.

[4] 鲍仲辅,曾德江. SolidWorks 数字仿真项目教程[M]. 北京:机械工业出版社,2021.

[5] 杨放琼,赵先琼. 机械产品测绘与三维设计[M]. 北京:机械工业出版社,2018.

[6] 刘源,刘慧玲. SolidWorks 产品设计教程[M]. 沈阳:东北大学出版社,2019.

[7] 杨玉霞,李爱娜,陈华. SolidWorks 项目实践教程[M]. 西安:西北工业大学出版社,2019.

[8] 潘春祥,李香,陈淑清. SolidWorks 2018 中文版从入门到精通[M]. 北京:人民邮电出版社,2019.

[9] 赵罘,杨晓晋,赵楠. SolidWorks 2018 中文版机械设计应用大全[M]. 北京:人民邮电出版社,2018.

[10] 赵罘,杨晓晋,赵楠. SolidWorks 2018 中文版机械设计从入门到精通[M]. 北京:人民邮电出版社,2018.